U0151232

缤纷以色列

主　编 孟振华　副主编 胡　浩　艾仁贵

以色列饮食文化

高智源 著

南京大学出版社

图书在版编目（CIP）数据

以色列饮食文化 / 高智源著 . -- 南京：南京大学出版社，2023.9
（缤纷以色列 / 孟振华主编）
ISBN 978-7-305-25321-8

Ⅰ . ①以… Ⅱ . ①高… Ⅲ . ①饮食 – 文化 – 以色列
Ⅳ . ① TS971.203.82

中国版本图书馆 CIP 数据核字（2022）第 001384 号

出 版 者　南京大学出版社
社　　址　南京市汉口路22号　　邮　编　210093
出 版 人　王文军

丛 书 名　缤纷以色列
丛书主编　孟振华
书　　名　以色列饮食文化
著　　者　高智源
责任编辑　田　甜　　编辑热线　025-83593947

照　　排　南京新华丰制版有限公司
印　　刷　南京爱德印刷有限公司
开　　本　880mm × 1230mm　1/32　印张3.75　字数112千
版　　次　2023年9月第1版　2023年9月第1次印刷
ISBN　978-7-305-25321-8
定　　价　40.00元

网址：http://www.njupco.com
官方微博：http://weibo.com/njupco
官方微信号：njupress
销售咨询热线：（025）83594756

---

* 版权所有，侵权必究
* 凡购买南大版图书，如有印装质量问题，请与所购图书销售部门联系调换

编辑委员会

主　任：徐　新

副主任：宋立宏　孟振华

委　员：艾仁贵　胡　浩　孟振华　宋立宏

徐　新　张鋆良　[以] Iddo Menashe Dickmann

主　编：孟振华

副主编：胡　浩　艾仁贵

总序

以色列国是一个充满奇迹的地方。早在两千多年前，犹太人的祖先就在这里孕育出深邃的思想，写下了不朽的经典，创造了璀璨的文明，影响了整个西方世界。在经历了两千年漫长的流散之后，犹太人又回到故土，建立起一个崭新的现代国家。他们不仅复兴了民族的语言和文化传统，更以积极的态度参与和引领着现代化的潮流，在诸多领域都取得了足以傲视全球的骄人成绩。

中犹两个民族具有诸多共同点，历史上便曾结下深厚的友谊。中国和以色列建交已 30 年，两国人民之间的交往也日益密切和频繁，各个领域的合作前景乐观而广阔。赴以色列学习、工作或旅行的中国人越来越多，他们或流连于其旖旎的自然风光，或醉心于其深厚的文化底蕴，或折服于其发达的科技成就。近年来中文世界关于以色列的书籍和网络资讯更是层出不穷，大大拓宽了人们的视野。

不过，对于很多中国人来说，这个位于亚洲大陆另一端的小国仍然是神秘而陌生的。即使是去过以色列，或与其国民打过不少交道的人，所了解的往往也只是一些碎片信息，不同的人对于同一问题的印象和看法常常会大相径庭。以色列位于东西方交汇点的特殊位置和犹太人流散世界各地的经历为这个国家带来了显著的多元性，而它充沛的活力又使得整个国家始终处在动态的发展之中。因此，恐怕很难用简单的语言和图片准确地勾勒以色列的全景。尽管如此，若我们搜集到足够丰富的碎片信息，并能加以综合，往往便会获得新的发现——这正如转动万花筒，当碎片发生新的组合时，就会产生无穷的新图案和新花样，而我们就将看到一个更加缤纷多彩的以色列。

作为中国高校中率先成立的犹太和以色列研究机构，南京大学犹太和以色列研究所携手南京大学出版社，特地组织和邀请了多位作者，共同编写这套题为《缤纷以色列》的丛书，作为中以建交 30 周年的献礼。丛书的作者中既有专研犹太问题的顶尖学者，也有与以色列交流多年的业界精英；既有成名多年的资深教授，也有前途无量的青年才俊。每位作者选择自己熟悉和感兴趣的专题撰写文稿，并配上与内容相关的图片，用图文并茂的形式呈现给读者，力求做到内容准确，通俗易懂，深入浅出，简明实用。也许，每本书都只能提供几块关于以色列的碎片，但当我们在这套丛书内外积累了足够多的碎片，再归纳和总结的时候，就算仍然难以勾勒这个国家的全景，也一定会发现一个崭新的世界。

孟振华

2021 年 3 月谨识

目 录

四　独特的饮食体验

五　犹太传统节日饮食习俗

六　多样化的美食

一

饮食文化与以色列多元社会

以色列饮食文化的多样性，折射出当代以色列社会的多元性。主流社会对不同族群食物的态度实际上反映了社会的价值观念，同时也揭示了不同族群的社会地位。据以色列中央统计局统计，截至 2021 年末，以色列人口约为 945.29 万人，其中犹太人为 698.26 万（约占总人口的 73.9%）、阿拉伯人为 199.78 万（约占 21.1%）、其他人约为 47.25 万（约占 5.0%）。[①] 以色列作为一个以犹太人为主的国家，建国初期，政府在选择符合社会意识形态和价值观念的“正确的”食物的同时，排除了“不正确的”食物。直到 20 世纪 80 年代，多元文化主义思潮对长期坚持“熔炉政策”的以色列社会造成了强烈的冲击，以色列人对阿什肯纳兹饮食霸权的不满情绪与日俱增，再加上新时代年轻消费群体逐渐成为消费主力，消费观念开始转变，主流社会开始逐渐接受阿拉伯食物。尽管尚未从根本上动摇以色列的主流意识形态，但也进一步促使以色列的饮食文化更具包容性。

① 数据来源于中央统计局。

犹太传统饮食文化及其现代演变

食物往往被赋予超越其直接营养价值的意义，在许多情况下，它作为一种社会符号，象征着自身及其群体的身份。布罗代尔说：“告诉我你吃的是什么，我就告诉你你是谁。”在社会历史变迁过程中，饮食与社会群体身份认同之间始终存在着密切的联系。事实上，在整个犹太历史上，食物一直是犹太人构建其不断发展的身份最有力的象征之一，尤其是在界定“我者”和“他者”关系时发挥了积极作用。

圣经时期

犹太教认为上帝通过和以色列民族的祖先立约而挑选了以色列人成为上帝的“选民”，所以作为上帝“选民”的以色列人的宗教信仰和在日常生活中的行为应建立在信仰上帝的基础上。犹太教自“摩西十诫”以后，逐渐发展出一系列关于宗教信仰和日常生活的律法和信条，其内容涉及犹太人生活的方方面面，如饮食禁忌、宗教礼仪等。随着时代的发展，拉比们对犹太饮食做出了一系列详细的规定，逐渐形成了一套饮食准则，被称为犹太饮食律法，在希伯来语词汇当中对应的是“Kashrut”，意为“洁净”或“可食”。

《圣经》中明确规定了以下几点：第一，明确规定了可食与不可食的动物。《圣经》将动物分为“洁净”和“不洁净”两种，只有被认为是“洁净”的食物方可食用。犹太教认为凡分蹄且会反刍的走兽都是可吃的，如牛、绵羊、山羊、鹿、羚羊、狍子、野山羊、麋鹿、黄羊、青羊等；生活在水里、海里、河里有鳍有鳞的鱼类均可食用；大多数禽类，如鸡、火鸡、鹅、鸭等也可食用。而分蹄不反刍或反刍不分蹄的走兽是“不洁净”的，如猪、马、兔子等；无鳞无翅的鱼类是不被允许的，如带鱼、黄鳝、虾、贝类等；甚至少数鹰类的鸟、爬行动物以及自行死亡的动物也被归为“不洁净”一类。以色列是祭司的国度，犹太民族是神圣的民族，所以每个人在神面前都应是圣洁的。像死于疾病、年老或被其他动物撕裂的动物都是“不洁净”的，作为被上帝选中的人不可食用“不洁净”的食物。《申命记》第14章第

21 节表示："凡自死的，你们都不可吃，可以给你城里寄居的吃，或卖与外人吃，因为你是归耶和华你　神为圣洁的民。"第二，禁止用小山羊母亲的奶水煮小山羊。《出埃及记》第 23 章第 19 节中明确表示："不可用山羊羔母的奶煮山羊羔。"第三，不可食用动物的血。《圣经》中规定，在屠宰动物时要特别注意清除血液，因为血液是禁止食用的。血液禁令表明了对生命的敬畏，是合乎道德（Moral Effects）的，象征着生命的神圣，也使人们产生对血的恐惧，驯服人们的暴力本能。

最初，犹太饮食律法的出现是为了凸显犹太人作为上帝选民的身份以及维护犹太教圣化意识。那时，迦南土地上犹太人占大多数，尽管《希伯来圣经》中提到了居住在以色列土地上的外国人和陌生人，但当时他们尚未对犹太民族的身份认同构成重大威胁。因此，平日里犹太人并没有被严格要求遵循犹太饮食律法。直到公元前 586 年，新巴比伦王尼布甲尼撒二世攻陷耶路撒冷，放火焚烧圣殿，又将大批民众、工匠、祭司和王室成员掳到巴比伦后，犹太民族不再是社会中的主权民族，其人口数量在社会中也不占优势。在希腊化时期的迦南土地上，犹太民族的身份进一步受到居住在这片土地上的新人口或被希腊化的犹太人的威胁。在此情况下，犹太人被要求必须严格遵循饮食律法，实质上是希望通过食物禁忌将犹太人与外邦人隔离开来，确保犹太人与外邦人难以同桌共餐，增强犹太民族的凝聚力。正如大贯惠美子所说："一个民族的烹调方法，或者一种特别的食物，常常标记着集体自我与他者之间的边界，例如作为区别他者的依据。"希腊化时期，犹太人严格禁止食用的食物之一是猪肉。究其原因，主要包括以下两个方面：一方面，与牛、羊或骆驼不同，猪没有实用的经济功能，而牛是劳动动物，羊可以提供羊毛和奶酪；另一方面，希腊化时期，随着猪肉逐渐被大众广泛食用，猪肉逐渐成为一种象征——他者的食物。吃或不吃猪肉不仅仅是一种饮食习惯，更是对"希腊主义者"和"虔诚犹太人"标签的选择。

拉比时期

公元 70 年，犹太起义失败，耶路撒冷圣殿被罗马人摧毁。犹太教公会被迫关闭，祭司贵族、撒都该派、奋锐党人逐渐成为一盘散沙。在此情况下，精通律法的法利赛派人士逐渐成为犹太人的精神领袖，被犹太人称为“拉比”。面对新形势，拉比们在希伯来经典的成文律法的基础上，对犹太饮食律法做出了新的诠释，从而确保犹太人可以在保持传统的基础上适应新的环境，主要包括以下几个方面：

第一，禁止奶制品和肉类混合。拉比们声称这是对《出埃及记》中“不可用山羊羔母的奶煮山羊羔”的扩展，如“渎神物品”篇（Chullin）第8章第1节中明确指出：禁止用牛奶或奶酪烹调任何驯养或非驯养的动物和鸟类的肉，鱼和蚱蜢的肉除外；禁止将任何肉类与奶制品（例如奶酪）放在一个桌子上，除了鱼和蚱蜢的肉。

第二，犹太人需在用餐前和用餐后诵读祝福体系。祝福和饮食之间的联系并不是从拉比时期开始的。圣经时期，祭司在圣殿代表全体犹太人向上帝耶和华献祭，与上帝缔结契约。然而，公元70年，犹太人在耶路撒冷的圣殿被罗马人摧毁，犹太人不能继续在圣殿中进行祈祷，祭司也无法在此举行祭祀活动，犹太人失去了一个公认的渠道来建立他们与上帝之间的关系。为重新建立与上帝之间的关系，拉比认为犹太人可以将餐桌看作向上帝献祭的圣坛，在就餐过程中可以诵读《托拉》或讨论与宗教有关的事务，从而建立起与上帝联系的新渠道。

第三，拒绝与其邻居共同进餐。事实上，考古发现犹太人与其邻居之间的关系总体上趋于和谐。犹太文化是主流文化的一部分，犹太人深受他们的邻居特别是他们的生活方式的影响。但是，从另一个角度来看，这种定期的甚至是亲密的接触会对犹太文化造成极大的威胁。犹太人参与主流文化越多，他们就越容易受到主流文化的影响，所以，拉比们认为犹太人作为主流社会中的少数群体，不得不与邻居保持和平相处，但也不能太近。拉比们试图建立一种界限，通过构建一个令人恐惧甚至危险的“他者”形象，让犹太人在与其邻居接触的过程中时刻保持警惕，借此强化自身的身份认同。共同进餐往往是人与人之间建立和维持社会关系的核心，如果禁止犹太人与邻居一同进餐，那么犹太人和外邦人之间的邻居关系则会受到限制。“偶像崇拜”篇（Avodah Zarah）中明确指出了犹太人禁止或限制食用外邦人的食物种类：其一，禁止犹太人食用外邦人的酒和肉；其二，明确禁止的食物还包括外邦人的奶酪和其他乳制品、面包、油以及由外邦人烹饪的食物；其三，明确规定了屠宰程序。《塔木德》明确规定：只有考试合格的屠夫才有资格从事这项屠宰工作；必须是一刀致死，屠刀必须直接切断被屠宰牲畜的颈部，不得扎刺、戳杀，也不得自内而外挑断食管或气管；屠宰用刀不得有半点缺损，刀口不得伤及除颈部以外的部位等。

第四，混合法。大流散时期，犹太人大多数情况下是作为社会中的少数群体出现的，因此与主流群体的接触是必不可少的。那么，如果外邦人不小心将违禁食品掉落进犹太食物中，犹太人应该怎么办？对此，拉比们做出了回应：需要考虑混合物是否属于同一种类。如果它们属于同一种类，例如，外邦人的肉类食物掉入可食肉中，犹太人则不能吃该混合物。但如果不属于同一种类，如外邦人将一滴汤汁滴落进犹太人的肉类菜肴中，只要混合物中可食用的犹太食物与违禁食物的比例达到100∶1，且肉眼无法看清混合物中的违禁食物，与此同时，犹太人闻不到混合物中违禁食物的味道，该混合物允许被食用，违禁食物可以忽略不计。相反，如果可以闻到违禁食物的味道，则该混合物被禁止食用。其中，味道原则优先于“100∶1”原则。由此说来，混合物中如果两者不属于同一种类，那么其是否可以食用的决定因素是违禁食物的味道是否明显。但这一衡量标准是非常主观的，因为每个人的口味是不同的，也许一个人可以明显察觉到混合物中有异味，而其他人察觉不到。因此，味道原则的出现，实际上是暗示了犹太人对非犹太人的食物不用太过恐惧和回避，这不是那么严重的问题。这一做法的实质缓解了犹太人在与非犹太人相处时的焦虑。

中世纪

这一时期，犹太饮食律法变得更加复杂、苛刻和多样化。犹太人与外邦人的接触日益频繁，中世纪时，犹太人不仅在伊斯兰土地上建立了自己的定居点，还在以基督教为国教的国家建立了犹太社区。拉比们认为，犹太人遭受到的诋毁与犹太人本应享有的崇高地位不相符合。在他们看来，犹太人是上帝的“选民”，在道德上比他们的邻居更高尚，受教育的程度更高。因此，中世纪的拉比认为他们的任务是通过研究、阐述和记录犹太人的生活行为规则来巩固犹太人是上帝的特选子民的身份，而诠释犹太饮食律法只是确保任务实现的一个方面，具体如下：

第一，加强禁止同时食用肉类和奶类的做法。中世纪时，肉类消费普遍增加，导致奶制品和肉类共同食用的机会也增加了。12世纪，在塞法尔迪人的土地上，犹太人被要求在吃完肉后必须等待6个小时才能食用奶制品。在阿什肯纳兹人的土地上，犹太人已经开始坚持将烹饪奶制品和肉制品的器具分开。例如，巴鲁克·本·艾萨克（Baruch ben Isaac，1140—1212）表示，禁止用奶制品的勺子搅拌装满炖肉的锅，他还指出，用于奶制品的器具不应该与用于烹饪肉类的器具一起清洗。

第二，禁止饮用外邦人的酒。中世纪时，犹太人与外邦人经常一起从事葡萄酒生产及贸易活动。在以基督教为国教的欧洲，犹太人与基督徒之间的葡萄酒贸易合作十分常见，尤其在法国、西班牙和意大利等地。在伊斯兰土地上，犹太人购买外邦人的酒也十分常见。13世纪，西班牙拉比亚伯拉罕·本·内森·哈-亚奇（Abraham ben Nathan Ha-Yarchi）曾写道：“有些人（犹太人）在收获的季节在村子里的外邦人家里购买他们的酒。”因此，在中世纪，拉比和一些犹太神学家不得不根据新的现实情况重新解释关于酒的禁令，这也为生活在不同社会环境下的犹太人在与外邦人交往时应保持的界限提供了参考。犹太神学家、哲学家迈蒙尼德（Maimonides）认为基督徒是偶像崇拜者，基督徒的酒以及他们接触过的犹太制造的酒都是禁区。生活在阿什肯纳兹基督教文化背景下的拉比塞缪尔·本·梅尔(Samuel ben Meir)认为，为了保证社会隔离，应禁止所有外邦人的酒，同时禁止他们接触犹太制造的酒。

第三，特殊节日期间，犹太人的饮食要求更加严格。以逾越节为例，圣经时期和拉比时期，犹太饮食律法禁止犹太人在逾越节期间食用5种发酵后的谷物（小麦、大麦、黑麦、燕麦和斯佩耳特小麦）。13世纪起，欧洲拉比新增加了一类名为kitniyot（包括豆类和大米）的食物，据一位来自普罗旺斯的中世纪拉比的权威解释，这一类食物是通过发酵形成的，是阿什肯纳兹犹太当局普遍接受的习俗。而且逾越节期间，犹太人不能吃面包和一切发酵的食品，只能吃一种用面粉制成、未经发酵的薄饼——无酵饼（Matzah）。

近现代时期

近代以来，犹太人逐渐从“隔都”中走出，他们与不同背景的非犹太人有了更密切的接触。部分犹太人认为犹太教中的许多律法成为他们与其他民族交往的障碍，而犹太饮食律法正是限制犹太人与其邻居交往的障碍之一。对此，有些犹太人仍坚持遵守犹太饮食律法，认为此举可以继续保持犹太民族的独立性；有些人开始怀疑犹太饮食律法的价值，认为其已经不能作为宗教精神信仰的一部分，应该淘汰；还有一部分人认为，需要对犹太饮食律法做出部分调整，从而使其继续发挥积极的作用。总之，无论采用哪种态度或措施，都是犹太人对当下的处境做出的反应，也是对传统与现代性张力问题的一种解答。

进入 19 世纪后，犹太教逐渐形成了正统派、改革派与保守派三个派别。犹太教正统派主张容纳现代科学文化，但坚持犹太教信仰与传统，认为成文律法《托拉》和口传律法《塔木德》都是权威的，是犹太教徒生活的唯一准则。除了要遵守各项诫命、律例、规条外，还要遵守拉比法庭依据犹太律法所做的裁决，遵守安息日和各种传统节日的规定以及遵守食物禁忌与《托拉》中关于个人与家庭的道德规定。

犹太教改革派与犹太教正统派是相对立的，是近现代犹太教中的一个重要派别，主张对正统犹太教进行改革，以适应现代社会和现代思想的需要。改革派认为犹太律法中的道德律法（Mishpatim）是神圣的，是必须遵守的，但仪式律法（Chukkim）只是服务于道德和精神目的的手段。改革派认为犹太饮食律法属于后一类，人们应该自行决定如何遵守犹太饮食律法。最初，改革派的态度极为激进，使其对犹太饮食律法的态度也极其强硬。如 1885 年的《匹兹堡纲领》（Pittsburgh Platform）第四条明确指出：“我们认为，摩西律法和拉比律法中那些关于饮食、宗教洁净、服饰的规定，起源于不同的时代，而且受到了与我们的精神状态格格不入的观念之影响，它们不能给现代犹太人提供宗教的神圣性，在我们时代遵守这些规定，与其说进一步推动不如说妨碍现代精神的精华。”随着改革派态度的缓和，改革者对犹太饮食法的态度也有所改变。1999 年的《改革派犹太教原则声明》（A Statement of Principles for Reform Judaism）中提到：“通过对托拉的学习，我们被称为 mitzvot，意思是学习托拉使我们的生活圣洁。”声明中提到了学习托拉的重要性，由此也可以看出，改革派对犹太饮食律法的规定由完全否定到部分接受。

犹太教保守派实际上是介于正统派与改革派之间的开明派。保守派在宗教思想上与改革派有一个共同的主张，就是要“协调犹太教与现代科学”。与正统派不同的是，保守派不认为《托拉》是永恒不变的真理，而认为规条根据时代的变化也需要不断进行调整。一方面，保守派原则上基本接受犹太教的律法与传统的礼仪和习俗，赞同通过遵守饮食禁忌这一做法与社会保持距离；另一方面，保守派也认为犹太教应随着时代的变化而发展，在坚持传统信仰的情况下应调整犹太饮食律法，以适应时代的要求。

流散地饮食文化与以色列本土饮食文化的融合

以色列作为一个以犹太人为主体的多民族国家，其人口大致可以划分为犹太人、阿拉伯人及其他三部分。其中，犹太人内部可以分为阿什肯纳兹人和东方犹太人，阿拉伯人内部可以分为穆斯林、基督徒和德鲁兹人等群体。建国初期，不同国家的犹太人纷纷移民至以色列，他们不仅在社会背景上存在着明显差异，而且在价值观念和生活习俗方面也存在着明显的差异。为此，以色列政府试图通过“饮食同化”来实现个体的身份同化。

伊拉克犹太饮食文化的融入

以色列建立后，伊拉克犹太人对国家的忠诚度受到了质疑，遭受到越来越多政治和经济上的迫害，同时他们还被禁止离开该国。1950

年 3 月迎来了一个惊人的转变，伊拉克政府决定允许犹太人移民。接下来的一个月，成千上万的犹太人开始登记离开，到 1950 年 12 月，约有 85000 名伊拉克犹太人登记移民。但是，伊拉克犹太人想要移民至以色列就必须答应以下两个条件：伊拉克公民身份被取消，发誓永远不回伊拉克；每个人只能带五到五十个第纳尔（现 1 第纳尔约为 0.0054 人民币）（取决于他们何时离开）和二十公斤的行李。答应条件的伊拉克犹太人可以获得自由通行证，并可以选择在巴格达或巴士拉机场搭乘飞机。在移民前夕，伊拉克犹太社区中包括少数非常富有的家庭、部分中产阶级和中下层阶级的家庭，以及许多穷人。然而，即使是最贫穷的犹太人，也有一些收入来源，但是他们万万没有想到，移民导致他们几乎要失去全部的财产。

伊拉克犹太人抵达以色列后，他们被送到沙尔 · 哈利耶（Sha'ar Ha'aliyah）进行隔离，部分原因是防止传染病的传播。这里原是英国军队营地，周围被铁丝网包围。在这里，伊拉克犹太移民与许多来自其他国家的犹太人一起住在大型的公共宿舍里，或营地内搭建的帐篷里，他们开始意识到自己是贫穷的难民，内心的陌生感、异乡感和无助感油然而生。正是在这种情况下，移民们第一次接触到由东欧厨师统一准备的东欧菜肴，面对不熟悉的食物，伊拉克犹太人表示厌恶，有些人甚至完全拒绝。耶路撒冷副市长 Avraham Kehila 回忆说："……一个巨大的冲击……服务员将果酱（Jam）和碎鲱鱼（Ground herring）装满了我们的饭盒，这些东西都是油腻腻的，没有经过烹饪……我们把它全部扔掉了，有时我们甚至懒得排队。"对陌生食物的反感表现并不是以色列独有的，其他地方类似的事件也比比皆是。许多刚抵达美国的印第安人十分厌恶牛肉的味道，德国移民无法忍受美国咖啡的味道，还有人抱怨糟糕的茶。对伊拉克犹太人而言，他们对鲱鱼的反感其实象征着他们对新土地的抵触，对阿什肯纳兹食物的嘲笑和厌恶其实是他们对社会地位急剧下降感到不满的一种宣泄形式。东道国社会将他们归类为"人类的尘埃（human dust）"（用本 - 古里安的话说），即一个没有意识形态或领导权且杂乱无章的部落，这些新移民只能试图通过诋毁鲱鱼来凸显自己相对东道国社会的优越性。

此时的以色列是一个刚刚从独立战争中走出来的贫穷国家，在战争期间，大部分经济基础设施被摧毁。与此同时，以色列还吸纳了近70万新移民，其中包括约13万来自伊拉克的犹太人。在短短三年半的时间里，以色列的犹太人口翻了一番，食物严重短缺。为了解决该问题，以色列在1949年至1959年期间决定实施紧缩制度（Tzena，希伯来语译为“紧缩”），这一计划的主要特点之一是对各种食品、衣服和家具实行定额配给。起初，定额配给只针对主食（例如食用油、糖和人造黄油），后来扩展到家具和鞋类。每个月每个公民都可以获得价值6里拉的食品券，且每个家庭都被分配了一定数量的食品。大米配给量很少，每人每月只有250克，虽然面包有补贴，价格便宜，但伊拉克犹太人主要以大米、羊肉、新鲜的鱼和皮塔饼为主，其中皮塔饼既昂贵又难以获得。

尽管紧缩政策适用于以色列所有的公民，但它对不同群体的影响存在差异。像阿拉伯人，他们大多数人居住在农村地区，可以自己种植食物。同样，住在集体农庄和莫沙夫的犹太人也可以自给自足。而对于那些刚刚到以色列的犹太移民来说，尤其是对于极度贫困的伊拉克犹太人来说，食物经常短缺，因此，伊拉克犹太主妇常常被迫违反法律，前往黑市供应商那里购买食物。即便所处的情况如此艰难，伊拉克犹太裔家庭在以色列的头几年里，往往坚持吃自己熟悉的食物，即使食物短缺且质量低劣，即使以色列社会为他们提供了大量的新食物。部分原因在于，熟悉的食物可以提供熟悉的记忆，可以让异国他乡且一无所有的伊拉克犹太人感到些许安慰。此时，他们几乎没有话语权，包括他们住在哪里、从事什么样的工作、被要求说什么语言等。在丧失地位和独立性的情况下，食物成为他们为数不多可以掌控的领域，从而让他们意识到生活世界也是可掌控的。这种掌控感所带来的踏实感远远超过他们对新家园中各种食物的兴趣。

那么，面对食物短缺的情况，伊拉克犹太主妇是如何烹饪出原汁原味的菜肴的？在日常烹饪中，伊拉克犹太主妇更多使用以色列蒸粗麦粉，将少量大米保存下来，留作庆祝活动时使用。为了做出各种各样的菜肴，人们将少量的肉末或鱼肉与切碎的洋葱、欧芹和小麦等食材混合在一起，甚至还有人用南瓜代替芒果，另加入咖喱，研发出了一款替代酸芒果酱的酱料，用冷冻、油炸的鱼取代了底格里斯河的新鲜鱼。约有一半的伊拉克犹太人仍然吃皮塔饼，尽管它不是一种受补贴的食品。部分伊拉克犹太移民也在尝试着吃白面包，只有少数人在吃黑面包，主要是这种面包比较便宜，所以人们通常认为吃黑面包意味着社会地位的丧失。此外，研究发现，伊拉克犹太裔家庭对特定香料的使用没有发生改变，即使在抵达以色列十年后，伊拉克犹太主妇仍在使用一种被称为巴哈拉特（Baharat）的混合香料，包括黑胡椒、小茴香（Cumin）、香菜（Coriander）、丁香粉（Ground cloves）、肉豆蔻、肉桂和小豆蔻。与此同时，她们拒绝使用在伊拉克没有使用过的调味品（例如芥末和罂粟籽），并且伊拉克犹太裔家庭仍在使用与在伊拉克时相同的烹饪技术。

随着时间的流逝，伊拉克犹太人逐渐地不再是自己的主人。首先是以色列社会各界人士的干预。以色列当局不仅从健康和卫生问题，而且从营养学的角度对新移民进行了批评教育。营养专家们表示，阿拉伯和北非的菜肴营养不足，以色列饮食才是理想的健康饮食，因为它是西方的、现代的。在餐桌礼仪方面，欧洲的餐桌礼仪成了一种规范，用手吃饭被等同于原始行为，使用刀叉成为现代和进步的标志。在有关卫生和育儿的问题上，人们认为来自东方的移民是无知的，母亲们被告知必须在固定的时间内提供固定的膳食，即使孩子们不饿，也应该强迫其进食。其次是新一代伊拉克犹太人逐渐放弃学习传统的烹饪技术。随着时间的推移，以色列经济状况得到改善，许多伊拉克犹太人重新开始烹饪他们的传统食物。但此时，由于食品工业化以及受过正规教育的伊拉克犹太裔妇女越来越多，他们的孩子不愿意学习传统的烹饪技术，与其他族群的第二代以色列人一样，他们更喜欢吃普遍的食物，因为准备起来更容易、更快捷。

不可否认的是，食物在促进新移民融合的过程中起到了重大的作用。如今，越来越少的以色列人烹饪伊拉克菜肴，但即使这样，伊拉克食品仍然是生活在以色列的伊拉克犹太裔身份的一个重要组成部分。同时，伊拉克食品还是一个令人怀念的话题，代表了曾在伊拉克生活的犹太家庭中所有的美好：熟悉、团结和生活的乐趣。在某种意义上，它包含了“被禁止”的记忆，因为在以色列，没有地方可以让人怀念巴格达，但人们可以怀念在巴格达烹饪的犹太美食。

阿什肯纳兹饮食文化的影响

阿什肯纳兹人（Ashkenazi），最初指位于莱茵河畔的犹太人，随着时间的推移，它不仅包括德国犹太人，而且包括出身是中世纪德国犹太人后裔的所有犹太人。阿什肯纳兹犹太中心起源于法国和德国北部，15 世纪和 16 世纪，逐渐向波希米亚、波兰和立陶宛等地转移。19 世纪末期，由于受到迫害，阿什肯纳兹犹太人纷纷向欧洲、美国、澳大利亚、南非和巴勒斯坦地区移民。以色列阿什肯纳兹人的饮食文化起源于两次世界大战期间，当时巴勒斯坦成为东欧和中欧犹太移民的主要目的地。随着阿什肯纳兹人的不断涌入，阿什肯纳兹社区逐渐成为伊休夫时期人口最多的犹太社区。

移民者的饮食结构通常在初次接触到当地新的美食后发生变化，主要受以下多种因素的影响：

其一，当地居民和新来者之间不平等的权力关系。两次世界大战期间，阿什肯纳兹移民到巴勒斯坦地区的大多数人属于中产阶级，虽然作为欧列姆(Olim，指迁往以色列的犹太移民)，但是他们并不认为自己是来“敲门”的可怜的新人，需要焦急地等待着被当地人“接受”。相反，在到达巴勒斯坦地区后，阿什肯纳兹移民从相对地理概念上认为自己是“西方文化”的代表，这一想法符合所有阿什肯纳兹人的认知，不仅仅是西欧犹太人。他们认为自身的文化优于当地文化，包括他们在抵达巴勒斯坦时遇到的东方犹太人的文化。大多数阿什肯纳兹移民，尤其是城市家庭，不愿意接受当地文化，包括当地美食。

其二，新的食品是否“适合食用”？移民到巴勒斯坦地区的阿什肯纳兹人觉得没有必要为当地巴勒斯坦阿拉伯人改变他们的犹太料理，因为在他们看来，自己的饮食结构才是最理想的。但是，他们通常会从当地的食材目录中挑选一些适合食用的食物，并将其纳入自己的饮食中。

其三，营养专家。20 世纪 20 年代，以科学为基础的营养学理论，特别是关于维生素起关键作用的理论，在西方世界中被普遍采纳。因此，人们关于食物的讨论逐渐偏离道德和宗教，开始将人体作为一个机器，关注需要哪些合适的零部件和多少升的燃油量。到了 20 世纪 30 年代，关于均衡营养饮食重要性的信息迅速传播。在一本名为《营养学原理》（*Principles of Nutrition Theory*）的小册子中，米尔卡·萨皮尔（Milka Sapir）引用了美国专家谢尔曼（Sherman）的话："如果我们把人体看作是一个内燃机，那么有机营养素可以被视为它的燃料。蛋白质和一部分营养素是机器的组成部分，矿物质和其他物质构成了润滑油，维生素起到了点燃引擎的作用。所有这些成分对身体的正常运转都至关重要。"一些营养学专家指出，就其营养价值而言，碾碎的干小麦（Bulgur）、碎小麦（Cracked wheat）与荞麦（Buckwheat）、燕麦片（Oats）相似，但前者的价格要比后者的价格低得多。对于新的饮食习惯，阿什肯纳兹人逐渐形成以下三种主要的态度：第一种，极端保守主义，其态度的特点是不愿尝试任何新鲜事物；第二种，相反的极端，一些阿什肯纳兹人表示，他们就应该像常住人口那样吃东西；第三种，一些阿什肯纳兹人认为，虽然不能一下子全盘接受新的饮食习惯，但可以在原来的饮食结构上加以调整。

建国初期，以色列作为一个以犹太人为主体的多民族国家，政府试图通过"阿什肯纳兹饮食霸权"实现对个体的身份同化。在以色列建国的头几十年里，无论是在公共讨论中，还是在制度化的烹饪环境中，阿什肯纳兹人的饮食文化都被视为"合适的"。即使在 20 世纪 50 年代，以色列犹太群体的构成发生了巨大变化，来自伊斯兰国家大规模的犹太移民导致阿什肯纳兹人在以色列犹太社区的人口比重减少，但"阿什肯纳兹饮食霸权"的情况仍未改变。"霸权主义"的烹饪话语不一定会对个别厨房产生重大或立竿见影的影响，但是，"霸权主义"的烹饪话语一定会在学校厨房、医院、新移民过渡营、各种工作场所和军队等公共机构中留下印记。一个特别有趣的例子是，直到 20 世纪 70 年代，以色列军队厨房里供应的食物几乎全是阿什肯纳兹人的食物，尽管士兵来自许多不同的种族背景，有着广泛不同的烹饪偏好。从表面上看，这一菜单是许多食品专家商议出来的结果，是十分理性的。实质上，这一菜单是以色列政府实现个体身份同化的重要手段，例如，作战部队士兵的菜单比从事文书工作士兵的菜单热量更高。与此同时，所谓的“非理性”欲望——不仅在军队，而且在整个社会——被认为是无关紧要的。例如，在1959年以色列国防军周报《巴马赫报》（*Bamaḥaneh*）上发表的一篇题为《你饿了吗》（Are You Hungry）的文章中，作者一开始似乎对族群多元化的否定表示同情：“统计数据显示，以色列国防军有来自50个国家的士兵，因此必须对50种烹饪习俗保持敏感。”然而，在下一句话中，作者的“理智”又占了上风：“不可能满足每个士兵的口味，但只要努力，就可以找到大多数人（如果不是所有人）可能喜欢的食物。”

直到20世纪80年代初，以色列国防军的菜单上才出现不同菜系，如米兹拉希食谱，这在一定程度上与全球化的加速和消费者观念的转变有关。烹饪决策者的傲慢态度逐渐被以消费者为导向的战略所取代，食客现在被视为“客户”，他们的需求必须得到满足。1977年，杰克·阿维拉姆少校（Major Jack Aviram）在一次讲话中指出，“我的论点是，营养因素，比如热量因素，或者蛋白质问题，并不是目前指导食物系统的主要因素”“是另一个方面……即期望，他主导着我们如何设计食物体系”。这一转变似乎在不经意间增加了以色列的文化多样性，削弱了霸权主义烹饪专家（Hegemonic Culinary Experts）的力量，并使非阿什肯纳兹的饮食文化也能够出现在以色列甚至是国际视野中。

埃塞俄比亚犹太饮食文化的影响

埃塞俄比亚犹太人被当地人称为法拉沙人（Falashas），他们称自己为贝塔以色列人（Beta Israel），主要居住在该国的西北部，大约有500个小村庄，一个主要讲阿姆哈拉语（Amharic）和提格里尼亚语（Tigrinnya）的人口居住地。他们的外貌与其邻居并无不同，他们说着同样的语言，有着类似的日常生活方式。有些村庄完全是犹太人，但在大多数情况下，犹太人只是村庄中的少数群体，这些村庄的主要人口是基督徒和穆斯林。以色列建国后，埃塞俄比亚犹太人向以色列、欧洲及美洲的犹太人求助，但没有得到回复。自20世纪60年代以来，有一部分埃塞俄比亚犹太人利用学习或旅游等方式在以色列非法滞留。1973年，以色列塞法尔迪大拉比奥瓦迪亚·约瑟夫（Ovadia Yosef）正式承认埃塞俄比亚犹太人是古以色列人十二支族之一但族（公元前8世纪为亚述人俘虏的以色列十大部落之一）的后裔，同时提出他们必须重新“皈依”犹太教，因为他们并未遵守犹太教的全部礼仪。随后，以色列宣布《回归法》，通过多年来的努力，数万名埃塞俄比亚犹太人抵达以色列。

然而，由于种族和历史传统方面的原因，主流社会对埃塞俄比亚犹太人的犹太信仰表示怀疑，因为他们的身份是由该社团中埃塞俄比亚犹太宗教领袖（Qesotch）所决定的，不符合犹太律法（Halakhah）。当第一批埃塞俄比亚犹太人抵达以色列时，其中大多是讲提格里尼亚语的犹太人，他们被要求重新皈依犹太教，即经历所谓的“基俞尔（Giyur）”（Leḥumrah，指在对一个人的犹太人身份存在怀疑的情况下，作为预防措施而进行的皈依），包括浸泡在浸礼池（Mikveh）中、宣布自己接受犹太教律法。然而，在摩西行动之后的几个月里，随着主要讲阿姆哈拉语的犹太移民的到来，反对这种皈依的声音开始增加。1985年秋天，埃塞俄比亚犹太人在耶路撒冷首席拉比办公室对面举行了为期一个月的示威，反对的声音达到了高潮。虽然双方最终达成了妥协，但那些没有经过皈依过程的埃塞俄比亚犹太人（主要是阿姆哈拉人）的个人身份问题仍然悬而未决。

与此同时，埃塞俄比亚犹太人的宗教生活与主流犹太教所规定的宗教生活存在着较大的差异，宗教活动受到了一定程度的限制，社区成员甚至被要求改变宗教信仰中的一些习惯。例如，对于埃塞俄比亚犹太人来说，肉类消费通常被保留在节日或庆祝活动等特殊场合中。其中，可以屠宰动物的人首先是埃塞俄比亚犹太宗教领袖，其次是熟悉礼定屠宰法的已婚男子。屠宰动物的人可以得到动物的头和舌头，其余部分的肉被切成一口大小的块，烹饪后集体食用。埃塞俄比亚犹太人以他们的屠宰形式为荣，他们认为这是根据《圣经》中关于上帝与以色列子民之间的契约精心进行的。然而，拉比要求埃塞俄比亚犹太人放弃在埃塞俄比亚犹太宗教领袖监督下屠宰动物的做法，并认为其应食用在首席拉比监督下屠宰的肉类。一系列强制性的改变使得埃塞俄比亚犹太人产生了无力感、焦虑感和孤独感，他们将自身的情绪转移到饮食中，将其作为发泄口，表达了自身的情绪，主要集中在肉类消费上。以肉类为标志的分歧主要表现在拉比宗教权威和传统（埃塞俄比亚）宗教权威之间、年轻人和他们的父母之间、讲阿姆哈拉语和讲提格里尼亚语的埃塞俄比亚犹太人之间。

首先，拉比宗教权威和传统（埃塞俄比亚）宗教权威之间的矛盾主要在于拉比不承认埃塞俄比亚犹太宗教领袖的权威。分歧的表现之一则是屠宰动物的方式，与此同时，屠宰动物的场地也逐渐变成了宗教权威冲突的舞台。以色列媒体将“埃塞俄比亚犹太人的动物屠宰”描述为“非法屠宰”和“黑色屠宰”，例如，在内坦亚一家当地报纸发表的一篇文章中，有报道称：“……由于拉比拒绝让数百名埃塞俄比亚居民在兽医服务处（Veterinary Service）监督下的屠宰场屠宰，他们的健康受到威胁……在内坦亚，埃塞俄比亚犹太宗教领袖一直在黑暗的掩护下，在附近的小树林里屠宰从该地区莫沙夫那里购买的羊。通常屠宰后的肉直接从社区送到买家手中，但在某些情况下，部分肉类被直接送到肉店，并作为犹太食品出售。该市的埃塞俄比亚犹太人对正在发生的各种宗教战争不感兴趣：他们只想像他们的祖先一样吃肉。”除了在社区内进行的传统屠宰，埃塞俄比亚犹太人近年来还开设了几家实行“埃塞俄比亚屠宰”的肉店，埃塞俄比亚式屠宰从社区走到了公众舞台上，这一行为实质上是在挑战首席拉比的权威。伊扬霍·法拉德·桑巴图（Iyanho Farade Sanbatu）在《国土报》上发表的一篇题为《宗教独立之路经过独立屠宰》（The Way to Religious Independence Goes through Separate Slaughter）的文章，文章中指出这类屠宰场代表了埃塞俄比亚犹太宗教领袖与正统派拉比分离的进一步阶段，最终可能导致建立一个不依赖国家机构的独立宗教机构。

其次，传统（埃塞俄比亚）宗教权威和首席拉比之间的权力之争使得以色列埃塞俄比亚犹太社区内部付出了高昂的代价，该社区目前被这两组宗教权威所分割。一方面，讲阿姆哈拉语的埃塞俄比亚犹太人对讲提格里尼亚语的埃塞俄比亚犹太人存在敌视。抵达以色列后，未经历“基俞尔”的成员大多数是讲阿姆哈拉语的犹太人，讲阿姆哈拉语的犹太人认为经历过“基俞尔”的犹太人（大多数讲提格里尼亚语的犹太人）已经对拉比表示臣服，这种被迫的改变使他们蒙受耻辱。另一方面，经历过“基俞尔”的提格里尼亚犹太人的身上在不知不觉中已经被烙上了“合格犹太教徒”的印记。渐渐地，提格里尼亚犹太人开始拒绝吃未经拉比授权屠夫屠宰的肉类，而阿姆哈拉犹太人则抵制提格里尼亚犹太人吃这种犹太可食肉，只允许吃在埃塞俄比亚犹太宗教领袖监督下屠宰的肉类。

最后，新一代埃塞俄比亚犹太人与他们的父母之间也产生了强烈的分歧。一方面，接受过以色列教育的许多新一代埃塞俄比亚犹太人不愿意在他们父母家中吃饭，因为对他们来说，每个犹太人都要受到犹太律法（Halakhah）的约束，所以他们不愿意吃那些未经拉比授权且由埃塞俄比亚犹太宗教领袖屠宰的肉。另一方面，老一代人认为他们的孩子在遵守戒律方面犯了错误，并认为这种行为是对宗教权威的反叛，也是对传统的拒绝。新一代埃塞俄比亚犹太人觉得自己被困在两个世界之间，但又不想伤害他们中的任何一个，所以他们往往会找到一种迂回的方式来处理这种情况。例如，他们中的一些人突然宣布自己是素食主义者，实质上是为了避免与传统屠宰问题直接对抗，否则，家庭和社会损害的范围扩大，最终将导致埃塞俄比亚犹太家庭制度的彻底崩溃。

肉类是埃塞俄比亚犹太人生活和身份认同中的一个关键习语，无论是在埃塞俄比亚还是在以色列。在从埃塞俄比亚向以色列过渡的过程中，埃塞俄比亚犹太人经历了从埃塞俄比亚的犹太人到以色列的埃塞俄比亚人的身份的转变，以及从农村到现代城市社会的物质环境的彻底改变。尽管他们生活的方方面面都发生了巨大的变化，但是肉类划分埃塞俄比亚犹太人的不同身份的作用并没有消失。

阿拉伯饮食文化与犹太饮食文化的融合

饮食在归属社会群体身份认同方面发挥了极大的作用。根据毕力格（Michael Billing）的“平庸的民族主义”理论（theory of banal nationalism），民族国家不断在公民的生活中“挥舞”着一面隐形的国旗，如传统文化、美食、体育，乃至天气预报，将民族主义朝着公民的平庸生活加以转型，潜移默化地增强民族国家在民众生活中的存在感及其形象。建国初期，多民族国家如何构建民族认同和国家认同成了以色列政府亟待解决的问题。对此，以色列政府决定实施“熔炉政策”，其中，饮食就是以色列政府为促进不同文化背景下的移民迅速融入以色列社会的一个方面。

以色列建国后，大部分阿拉伯人向周边的阿拉伯国家移民，但仍有约20万人选择留在以色列。以色列作为一个以犹太人为主体的国家，政府在实施“熔炉政策”的过程中，存在着边缘化阿拉伯食物以及加强犹太人与食物之间联系的举措。第一阶段，模仿和适应阿拉伯食物。究其原因，主要包括以下几个方面：其一，犹太人希望开启新的生活，根据克劳迪娅·罗登（Claudia Roden）的说法，“早期的先驱者和第一批来自欧洲的移民……很高兴放弃俄罗斯和波兰的‘意第绪语’食品，作为对过去身份和旧生活的反抗”；其二，受营养学话语的影响，根据当时流行的营养学理念，饮食要以奶制品、生水果和蔬菜为主，少吃肉类，符合当时巴勒斯坦大多数人坚持地中海饮食的特点。其三，受地理环境的影响，一些犹太复国主义定居者试图坚持他们以前的饮食习惯，但由于当地条件，他们不得不适应当下的饮食环境。

随着犹太移民浪潮的加剧和成为阿拉伯－巴勒斯坦人民替代者的愿望（公开或秘密）的增加，犹太复国主义领导人主张在所有社会、政治和经济领域实行分离政策。逐渐地，犹太人开始进入第二个阶段——挪用阿拉伯食物，并将其民族化和去阿拉伯化，主要通过以下几个方面实施：

首先，发起土地产品（tozeret haaretz）运动。20世纪20年代，犹太复国主义者呼吁犹太人购买由犹太劳工在巴勒斯坦以及后来的以色列国当地种植或生产的食物。从希伯来香蕉到希伯来黄油，犹太复国主义领导者认为购买犹太专属产品不仅加强了犹太人与他们土地的联系，而且提升了犹太新人自给自足的形象，即新的犹太定居者可以依靠自己的工作生活，而不是依赖国外的金钱或产品。同时，这项运动的目的也是让犹太人更喜欢希伯来产品，而不是阿拉伯产品，更重要的是，这项运动有助于淡化阿拉伯人在巴勒斯坦的存在。

其次，将阿拉伯食物边缘化。一方面，加强食物与以色列之间的关系。食物往往被赋予特定的象征意义，巴勒斯坦新犹太身份以及 1948 年后的以色列身份的许多象征都与食物有关，从刺梨（Sabra，一个出生在以色列的犹太人的名字）和雅法橙（以色列生产和主要出口的象征之一），到描绘有法拉费、皮塔饼和以色列国旗的明信片（以色列最知名的明信片）和一种被列为以色列国主要标志之一的松软干酪（cottage cheese）。另一方面，加强食物与犹太人之间的联系。例如，在达夫娜·赫希（Dafna Hirsch）对鹰嘴豆泥的研究中，鹰嘴豆泥在 20 世纪 30 年代被认为是当地阿拉伯－巴勒斯坦饮食文化和菜单的一部分，由于其营养价值较高，一直被采用。然而，20 世纪 50 年代，当鹰嘴豆泥开始被大规模生产和销售，并逐渐成为以色列代表性的食物时，该食物有关阿拉伯－巴勒斯坦的历史却被忽略和边缘化，一些美食专家们开始强调其与犹太传统之间的关系，特别是与米兹拉希人（Mizrahi-Jewish）之间的联系。对于当时的犹太人来说，鹰嘴豆泥成了一道民族菜肴，食用它已经成为以色列犹太人日常生活的一部分，一般从特尔玛（Telma）等以色列犹太食品公司购买，在家里或米兹拉希犹太餐厅食用。

最后，强调犹太食品对以色列饮食文化做出的贡献。许多以色列和犹太食品作家强调，散居在世界各地的犹太移民特别是来自北非和阿拉伯的犹太移民对以色列饮食文化做出了巨大的贡献，例如以色列塔德莫尔烹饪学校（Israeli Tadmor Cooking School）1963 年出版的《以色列风味》（*The Flavours of Israel*）一书的作者声称，以色列的厨房是犹太移民大熔炉的产物。

鹰嘴豆泥并不是唯一被边缘化的食物，以色列沙拉也是被边缘化的食物之一。在以色列，可能没有比以色列沙拉（有时也被称为切碎的沙拉）更受欢迎的菜了。沙拉以切碎的蔬菜（通常是西红柿、黄瓜和洋葱）和新鲜的香草（主要是欧芹，有时也有薄荷）为主，加入橄榄油和柠檬汁。犹太裔以色列美食作家詹娜·古尔（Janna Gur）在《来自以色列的新鲜风味》（*Fresh Flavours from Israel*）中指出："以色列人每天至少要吃一次沙拉。"那么，以色列沙拉的真实历史究竟是什么样的呢？直到近年来，几位以色列作家才公开承认以色列沙拉的"阿拉伯性"。当被问及以色列的国菜是什么时，厨师尼尔·祖克（Nir Tzuk）回答道："阿拉伯沙拉。"据他说，"这个国家的每个人都想吃"。在《羊肉、薄荷和松子：以色列阿拉伯美食的风味》（*Lamb, Mint and Pine Nuts: The Flavours of the Israeli-Arab Cuisine*）一书中，阿拉伯裔以色列厨师胡萨姆·阿巴斯（Husam Abbas）和犹太裔以色列美食作家尼拉·罗索（Nira Rousso）也将沙拉称为阿拉伯沙拉。在接受英国广播公司采访时，犹太裔以色列厨师吉尔·霍瓦夫（Gil Hovav）承认："我们称之为以色列沙拉的这种沙拉实际上是一种阿拉伯沙拉，一种巴勒斯坦沙拉。"此外，许多餐馆，尤其是米兹拉希餐馆，近年来也开始在菜单中使用"阿拉伯沙拉"一词来描述切碎的番茄黄瓜洋葱沙拉。

近年来，以色列社会开始承认阿拉伯食物是以色列饮食文化的一个方面，与此同时，越来越多的阿拉伯餐厅逐渐被认可。大多数犹太以色列人开始认为阿拉伯鹰嘴豆泥更美味、质量更好，最重要的是更正宗。一些美食专家甚至在其著作中指出，以色列最好的鹰嘴豆泥餐馆几乎是阿拉伯人的。此外，阿拉伯食品公司也正在进军以色列食品行业，例如，被视为以色列饮食文化的一部分、大多数犹太裔以色列人经常食用的芝麻酱和哈瓦糕现如今主要由以色列阿拉伯食品公司——鲁什迪食品公司（Rushdi Food Industries）生产制造，该公司还为许多以色列大的食品生产商生产制造零食，如欧塞姆（Osem）、施特劳斯（Struass）和特尔玛（Telma）。

那么，近年来，以色列社会为何重新承认阿拉伯食物呢？对此，学术界认为有以下三个方面的原因。

首先，消费者观念的转变。近年来，新生代年轻消费群体逐渐成为消费主力。随着互联网的发展，消费者可以在全球范围内进行商品选购，面对让人眼花缭乱的产品，年轻消费群体更加追求产品的真实性，要求食品生产商和供应商提供更多的信息，如成分和营养价值，以及地理来源和生产者，以便选择质量更好、价格更低廉的食物。为了解决这些问题，近年来，以色列许多食品生产商开始在食品包装上强调产品的真实性，信息还包括产品的原产地。例如，“baladi”，字面意思是土生土长的或当地的，也被以色列的阿拉伯人用来表示我的土地或我的村庄，现在被用来表示产品是在当地种植和加工的。

其次，多元文化主义在以色列的兴起。20 世纪 80 年代，紧张的地缘政治环境与以色列国内的各种矛盾相互交织，一些知识分子希望能找到化解危机的途径。与此同时，20 世纪下半叶以来，多元文化主义浪潮席卷全球，以色列也未能避免。这种情况下，一批思想较为激进的“新历史学家”应运而生，他们特别关注巴勒斯坦人的命运，认为以色列官方历史学的说法过度妖魔化巴勒斯坦人以及阿拉伯人，严重夸大了犹太民族当时的困境，并过度利用大屠杀的效应服务于犹太复国主义事业，以博取国际社会的广泛同情，这对长期实施“熔炉政策”的以色列社会造成了强烈的冲击。越来越多的民间非政府组织成立，并主张削弱国家对社会的控制，一定程度上削弱了以色列社会对以色列阿拉伯人的控制。

最后，后犹太复国主义的兴起。“新历史学派”的出现，标志着后犹太复国主义思潮的兴起，同时也为后犹太复国主义提供了理论支撑。后犹太复国主义的主要观点包括：犹太复国主义在道德上缺乏合法性，应肯定巴勒斯坦人的生存合法性，致力于推进国家的民主化和世俗化进程。后犹太复国主义尽管尚未从根本上动摇以色列的主流意识形态，但为以色列社会注入了一股新鲜的活力，使得以色列社会更加包容以色列阿拉伯人以及他们的食物。

三

素食者的天堂

以色列被素食主义组织和餐饮机构视为“全球最素食国家”，同时也是世界上素食人口比例较高的国家之一，5% 以上的以色列人称自己是素食主义者。以色列军方电台曾有一篇报道称，以色列国防军是“世界上最素食主义的军队”，军队中许多士兵只吃植物类食品，只穿非皮革靴子，平均每 18 名士兵中就有一人自称素食者！近年来，随着以色列素食主义者的数量不断增加，以色列旅游部门甚至把“纯素国家”当成了宣传口号。数据显示，以色列在 2020 年最受纯素食者欢迎的国家和城市（Top Most Popular Countries and Cities for Vegans in 2020）中排名第三，仅次于英国和澳大利亚。因此，以色列又被称为“素食主义者的最佳旅行目的地”。目前，以色列境内拥有超过 1500 家纯素食餐厅，如果你喜爱素食，那一定不能错过以色列！尤其是“素食之都”——特拉维夫，该市区仅有 52 平方公里，却拥有超过 400 家素食餐厅，并且常常举办盛大的素食节活动。例如，2022 年 6 月，特拉维夫举行了“世界最大素食节”—— 一场为期三天的素食盛宴，吸引了上万人参加。那么，以色列为什么会成为“素食者的天堂”？让我们一探究竟。

肉类食物价格居高不下

犹太饮食律法鼓励素食主义倾向。据以色列中央统计局统计，截至2021年末，以色列人口约为945.29万人，其中犹太人为698.26万（约占总人口的73.9%）、阿拉伯人为199.78万（约占21.1%）、其他人约为47.25万（约占5.0%）。因此，以色列是一个以犹太人为主体的国家，其饮食文化深受犹太教的影响。犹太教对犹太人的食物有着严格的规定，随着时代的发展，这些规定逐渐形成一套饮食准则，被称为犹太饮食律法。但也因此，以色列肉类食物价格居高不下。研究表明，以色列的乳制品和肉制品价格明显高于欧洲、美国和其他个人平均工资较高的国家。2017年，以色列人均牛肉和小牛肉总消费量为14.5公斤，明显低于美国人均消费量的水平（25.9公斤）。一方面，根据犹太饮食律法的规定，犹太人只允许食用可食的动物，一定程度上限制了可食肉的种类。另一方面，犹太教对屠宰动物的方式也有一定规定，即礼定屠宰法，如果没有按照规定屠宰，即使是可以食用的肉类，也会被认为是“不洁净”的，从而增加了可食肉类消费的成本。与此同时，以色列的蔬菜和水果价格却相对较低。以色列自然资源极其匮乏，但却是中东地区为数不多实现了粮食自给的国家，这主要得益于先进的农业技术。目前，以色列凭借着先进的农业技术在农业市场上取得了较好的成绩。2017年，以色列新鲜水果出口额为3.3亿美元，其中柑橘类出口额为2.3亿美元，新鲜蔬菜出口额为3.6亿美元。虽然以色列已经培育了能够抵御严酷沙漠气候的家养奶牛，但奶牛对当地疾病的抵抗力差，繁殖率低。因此，该国80%以上的牛肉和鱼类消费依赖进口，这大大提高了牛肉和鱼类的价格。此外，进口至以色列的肉制品不仅要得到国际拉比的认证，还要得到以色列国内首席拉比的认证，“双重监督”程序进一步提高了进口肉类的价格。经济因素影响着人们的饮食习惯，相比较高的肉类价格，大多数犹太人更愿意买价格较低的农产品，这也是许多以色列犹太人选择素食主义的原因之一。

犹太食物适合素食者食用

犹太饮食律法中还包括一条规定，即奶制品和肉类必须分开食用。一些严格遵守犹太饮食律法的极端正统派犹太人的家中通常会使用数套餐具，分别盛放肉类食品和奶制品。甚至，他们认为一个人吃过肉后，要等 6 个小时后才可以喝牛奶。在以色列，到餐厅吃饭时，你会发现这里麦当劳的汉堡里没有奶酪，皮塔饼里如果放了奶酪就一定没有肉，夹肉的皮塔饼里面一定没有放奶油酱。奶制品接触过的餐具，就不能再用来盛肉类。如果你是蛋奶素食者，那你可以放心购买经过犹太洁食认证（Kosher Certification）的奶制品，不必担心食物中可能含有肉制品。如果你是严格素食者，也不用担心，你可以选择不含肉类和奶类的食物（Pareve），同时，在外吃饭时记得选择门口挂有犹太洁食（Kosher）字样的餐馆吃饭。犹太餐厅还会在安息日期间关门，因此大多数餐厅在周五下午关门，直至周六晚上才重新开张。如果想品尝犹太美食的话，一定要注意时间哦！

地中海式饮食

地中海饮食为如今以色列颇为盛行的素食主义奠定了基础。以色列被列为世界上最健康的国家之一，其主要原因是该国的饮食结构。研究表明，在 195 个国家中，乌兹别克斯坦因饮食结构造成死亡的概率最高，每 10 万人中有 892 人因饮食结构死亡，其次是阿富汗和马绍尔群岛。因饮食结构造成死亡的概率最低的国家是以色列，每 10 万人中只有 89 人死亡。美国每 10 万人中有 171 人因饮食结构死亡，排在第 43 位，而英国排在第 23 位，印度排在第 118 位。同时，该国在 2021 年彭博全球健康指数（The Bloomberg Global Health Index 2021）中排名第 10，这主要是因为大多数以色列人选择地中海饮食。研究表明，地中海饮食不仅有益心血管健康，还有助于预防糖尿病等慢性病。这一饮食结构的主要特点概括来说就是素食为主，强调天然食物，可以适量摄入鱼肉以及减少红肉和糖类的摄入。总的来说，这是一种简单、清淡且富含营养的饮食。

早在以色列建国前，当地阿拉伯人的饮食结构就以植物性食物为主，动物性食物为辅。一方面，当时肉类消费通常是留给精英阶层的，所以许多常见的巴勒斯坦菜肴都是以植物性食物为基础的，例如，填充蔬菜(stuffed vegetables)、切碎的面包配米饭(faith)以及炖菜(stews)，常见的配料包括鹰嘴豆泥、酸奶、枣和蔬菜。早期巴勒斯坦的饮食结构一定程度上影响了以色列人的饮食习惯，也为如今以色列颇为盛行的素食主义奠定了基础。如今，以色列传统食物中丰富的豆制品材料深受素食爱好者的喜爱，如鹰嘴豆泥、法拉费、以色列库斯库斯(Israeli Couscous) 等。另一方面，以色列是典型的地中海气候，夏季漫长而又炎热少雨，使得以色列人更倾向于吃清爽解渴的水果、蔬菜。以色列犹太人对沙拉真的是有一种独特的偏爱，无论他们来自俄罗斯、摩洛哥、也门还是美国。以色列犹太人无论早餐、午餐还是晚餐都喜欢吃沙拉，有时是蔬菜沙拉，有时是水果沙拉，或者是蔬菜水果沙拉。他们的想象力极其丰富，新鲜的卷心菜、西红柿、胡萝卜、南瓜、黄瓜再加上牛油果，挖两勺芝麻酱或加入些鹰嘴豆泥，再撒点胡椒粉，健康低卡又营养美味。

动物保护意识不断增强

一项统计显示，全球约 68% 的人吃素是为了让动物避免被杀。2017 年，善待动物组织 (People for the Ethical Treatment of Animals，PETA) 与两个以色列组织“动物权利匿名者 (Anonymous for Animal Rights)”和“让动物生存 (Let the Animals Live)”合作发布了一段目击者的调查视频。视频中记录了多家南美犹太屠宰场屠杀牛的全过程，即工作人员用锋利的工具钩住奶牛的鼻子，割断它们的喉咙，然后将牛的腿绑起来，并倒挂着，即使它们此时仍然表现出有意识的迹象，但仍会被残忍地送至机器中切断其喉咙。该视频被发布到网上后，引起了网友们的热议，网友们纷纷指责其行为残忍。尽管后来以色列官员回应说，在 2018 年 6 月 1 日之前，要求所有犹太屠宰场废除这一残忍的屠宰方式，但这一事件大大激发了人们对动物的保护意识。一方面，一些专家们开始提倡“生命的神圣性”，并表示犹太人自身的苦难史更有助于理解吃肉类食物对动物造成的苦难。后来，以色列国防军开始为士兵提供越来越多的素食餐点以及非皮靴和非羊毛贝雷帽。2020 年，以色列政府甚至出台了一项全面禁止动物毛皮交易的法案。另一方面，一些动物组织认为应把种植的谷物送到那些挨饿的人手中，而不是喂养动物。善待动物组织表示：“我们消费的动物产品越多，我们可以在全球范围内养活的人就越少。我们没有直接将种植的大豆和谷物用于人类消费，而是将大量的农作物喂给了饲养的动物，以备肉类、牛奶或鸡蛋。这样做不仅效率低下，而且直接导致人们挨饿。”

食品科技企业创新不断

近年来，以色列创新科技极其发达，创业企业密度全球第一，平均每 1844 个人就有一个创业者；人均创业风险投资额世界最高，是美国的 2.5 倍，而美国的人口是以色列的近 40 倍。人们对纯素食品日益增长的需求，促进了以色列素食食品科技的发展。以色列目前大约有 400 家食品科技初创公司，而且这个数字还在快速增长中。这些公司研发出了各种各样的素食产品，如植物制作的奶油和冰淇淋、实验室培育的牛肉、鹰嘴豆制成的素食汉堡和无蛋蛋黄酱等。目前，以色列一家公司还推出了 3D 打印人造肉，与此同时，该公司还提供了定制服务，可以按照客户的需求来定制风味肉（如低脂肪、低胆固醇、高脂肪）。

因此，在以色列建立一个蓬勃发展的纯素食市场并非偶然。“素食女性论坛”创办人詹妮弗 · 斯托伊科表示：“以植物为基础的菜肴一直是犹太人重要的饮食，再加上发达的科技产业、企业家精神和资本商业智慧，以色列正向世界素食创新中心迈进。”

三

琳琅满目的以色列市场

人们总说，想要了解一个地方的风土人情，一定要参观一下当地的市场，这里有最新鲜的生鲜水果，有琳琅满目的干果蜜饯，也有着最真实的生活！

马哈耐·耶胡达市场

马哈耐·耶胡达市场（Machane Yehuda Market），也被称为耶路撒冷的后厨房，这里是耶路撒冷最大的菜市场，有着250多个摊位，不仅贩卖着各式各样的新鲜水果、蔬菜、肉制品以及各种各样的香料，还有着以色列各种特色小吃，如皮塔饼、北非蛋、法拉费、胡姆斯、哈拉面包、酥皮糕点、哈瓦糕、石榴汁、贝果面包、果仁蜜饯等，色香味俱全，让人忍不住驻足品尝，简直是视觉和味觉的盛宴。白天，这里是大家采购食材的好去处，晚上则成了耶路撒冷最热闹的酒吧区。如果有机会，建议你在安息日之前来到这里，当地人都会来大采购，那时候的热闹景象才是最接地气的耶路撒冷。

贝果面包 李永强 摄

小贴士：

Hatch Brewery, 28 HaEgoz Street：精酿啤酒、自制香肠和美味小吃

Crave, 1 HaShikma Street：犹太菜肴

Marzipan Bakery, 44 Agripas Street：可颂饼干（rugelach）

卡梅尔市场

卡梅尔市场（Carmel Market）作为特拉维夫当地最大的露天市场，当地人都会来这里买新鲜的水果和蔬菜。如果想买一些礼品带给朋友，那么在这里挑选一些中东地区特有的干果、蜜饯、椰枣等都是非常不错的选择。此外，以色列盛产橄榄，所以橄榄油也是上等的选择。要是走累了，还可以喝上一杯鲜榨的石榴汁，新鲜又美味。如今的卡梅

尔市场，不仅仅是传统的菜市场，它的周围遍布着时兴的餐厅、酒吧以及咖啡馆。

大石榴　邵然 摄

小贴士：

Meat Market M25，30 Simtat HaCarmel：一家肉食店，在这里你可以边喝精酿啤酒，边享受味道极好的牛排

Davka Gourmet cheese shop: 喜爱甜品的你，千万别错过

莱文斯基市场

如果想体验一下以色列和中东美食之旅，可以去特拉维夫南部的莱文斯基市场（Levinsky Market）。最开始，这个市场主要经营香料、干果和副食，像肉豆蔻、藏红花、迷迭香、薄荷、孜然、姜黄、百里香、牛至、柠檬马鞭草、芝麻、生姜、肉桂、鼠尾草、茴香、月桂叶等香料应有尽有。之后，一些餐馆、咖啡店和甜品店开始出现，这里逐渐成了年轻人打卡的地方，而且这里的物价也比较容易让人接受。走累了的话，不妨来这里喝上一杯中东亚力酒，感受下这里的氛围，这里也有几家亚洲商店，如果你想念中国美食的话，可以去亚洲商店里买点食物解解馋。

可颂　李永强 摄

小贴士：

HaHalban (The Milkman), 48 Levinsky Street：这家店已经开了60多年了，奶制品尤为出名

Café Levinsky, 41 Levinsky Street

Burekas Penso, 43 Levinsky Stree：酥皮饼

阿拉伯舒克市场

阿拉伯舒克市场（Arab Shuk），位于耶路撒冷老城（Old City Jerusalem），这里大约有800家商贩，出售各种各样的纪念品，包括阿拉伯风格的咖啡壶、珠宝、T恤、艺术品、服装和陶器等，即使你最终什么都没买，也是一种不同的体验。在你逛的过程中，即使不买纪念品，也免不了被一些香料、咖啡或熟食的香味所吸引，忍不住想“剁手”。

小贴士：

Jaffar Sweets，Khan al Zeit Street：推荐拿菲

Armenian pottery store，91 Hayehudim Street in the Jewish Quarter：可以现场绘制陶器

四

独特的饮食体验

想要玩转以色列，除了去旅游景点，当然还要实地考察一下当地标志性的美食餐厅啦！

顶层餐厅——马米拉酒店餐厅

有时候比美食更重要的是餐厅的环境，想要感受耶路撒冷夜晚的美，马米拉酒店顶层餐厅（Mamilla Hotel Restaurant）绝对是最佳的选择。当你白天被耶路撒冷的历史和美景所震撼后，晚上不妨来马米拉酒店顶层餐厅感受一下耶路撒冷古城的另一种美，这是一个可以俯瞰耶路撒冷老城绝美景色的餐厅，可以让你从旧城的喧嚣中放松下来。

这里距离老城只需五分钟的步行路程，离卫城塔和雅法门等著名景点都非常近。马米拉酒店顶层餐厅提供两种菜单，一种是平日里的菜单，还有一种是为安息日准备的菜单。在这里，你还可以买到优质的以色列葡萄酒。

小贴士：

地址：11 Shlomo HaMelekh St, Mamilla Hotel, Jerusalem

网址：https://www.mamillahotel.com/rooftop

电话：+9722-5482230

“加利利阿拉伯”美食——米格德尔

不要因为它紧挨着购物中心的入口，就对它不抱有任何信心，米格德尔（Magdalena）是以色列最有名的餐厅之一，独特的“加利利阿拉伯”美食受到了很多人的喜爱。2016 年，《纽约时报》还对这家餐厅进行了高度评价。进入餐厅后，从大厅向外看，不仅可以看到加利利海，还可以看到砂岩风光。该餐厅的食物主要使用当地新鲜的原料，以蔬菜、牛肉、羊肉、鸡肉、鱼和海鲜为主，菜单随着季节的变化而变化。在这个餐厅一定不要错过炸花菜、牛扒、红烧羊肩肉和塞满玛拉比奶油的卡诺里卷（Cannoli）等。

小贴士：

地址：加利利海边 Magala 中心
网址：https://magdalena.co.il/
营业时间：每天中午 12 点到午夜 12 点
电话：073-7027299

海鲜餐厅——尤里布里

喜欢海鲜的朋友，一定不要忘记打卡阿卡古城的尤里布里（Uri Buri）餐厅。2019 年，Uri Buri 被评为 2019 年“旅行者之选”（Trip Advisor）亚洲前 25 最佳高级餐厅，被认为是以色列最好的“海鲜餐厅”。尤里布里餐厅坐落在海边一栋拥有 400 年历史的奥斯曼式建筑里，装修风格极其简单，但地理位置极其优越。食客在满足口腹之欲的同时，还可以欣赏窗外的美景。尤里·杰里迈斯（Uri Jeremias），不仅是店主，还是该家餐厅的主厨，同时也是一家酒店（The Efendi Hotel）的老板，他是一个非常喜欢社交和讨人喜欢的人。据见过杰里迈斯的人说，他长长的白胡子和迷人的外表很容易被认出来。季节性的海鲜菜肴，既有三文鱼刺身，还有鲜美可口的海鲜汤，但要记得提前打电话预约。

小贴士：

地址：Hahagana St, The Lighthouse Area Akko
电话：+9724-9552212

雅法老城的老人与海餐厅

老人与海餐厅（Old Man & the Sea）与海明威同名小说《老人与海》一样受到人们的欢迎。如果你想品尝一下地中海的美食，这里是个不错的选择。在这里，你可以邀请你爱的人一起享用美味的沙拉、新鲜的海鲜，再来上一点烤肉（Kebab）。饭后还可以边从餐厅的露台俯瞰大海，边吃着美味的甜点。推荐的菜肴包括烤鲈鱼、炸虾和鱿鱼，搭配沙拉、米加德拉米饭或薯条。

小贴士：

地址：85 Kedem St., Jaffa
网址：https://hazakenvehayam.co.il/
电话：+9723-6818699

豪华洁食烹饪——赫伯特·塞缪尔

赫兹利亚(Herzliya)丽思卡尔顿酒店(the Ritz-Carlton Hotel)的招牌餐厅赫伯特·塞缪尔(Herbert Samuel)，被认为是特拉维夫最著名的犹太餐厅之一。凭借其豪华洁食烹饪(koshcr cuisine)，赫伯特·塞缪尔赢得了多项全球奖项，同时也在以色列最佳洁食烹饪榜单上名列前茅。

这家精致的餐厅为食客提供的绝佳体验体现在精心的设计和令人赞叹的景观上。在这里，你可以俯瞰美丽的赫兹利亚码头（The Herzliya Marina）和迷人的地中海，浪漫的日落、游艇码头和壮观的海滨长廊的完美结合，给你前所未有的体验。这家餐厅的菜单以当地的新鲜农产品为主，主要有鱼、肉、蔬菜和橄榄油，并且提供最好的且符合犹太饮食律法的以色列葡萄酒。作为以色列顶级犹太餐厅之一，你会体验到极致的食物和世界一流的服务。

小贴士：

地址：The Ritz-Carlton, 4 Hashunit St. Herzliya, Tel-Aviv

网址：https://www.herbertsamuel.co.il/herzliya?categoryId=101645

五

犹太传统节日饮食习俗

在安息日吃哈拉面包，喝葡萄酒，一起研读《圣经》；在逾越节吃无酵饼、生苦菜，诵读《哈加达》，复述《出埃及记》中的有关情节；犹太新年期间，去犹太会堂参加新年宗教仪式，在新年晚宴上吃苹果蜜饯和蘸有蜂蜜的面包……万花筒般的犹太传统节日是犹太民族传统文化的重要组成部分，同时也是维系犹太民族团结精神的重要纽带，其中所蕴含的精神潜移默化地影响着一代又一代犹太人。

安息日

安息日（Sabbath）一词源于阿卡德语，原意是“七”，希伯来语意为“休息”“停止工作”。犹太人的安息日并非星期日，而是从每周星期五的黄昏开始，到次日星期六的黄昏结束。因地区不同，犹太历上写有不同地区全年每一个安息日的起止时间。犹太教认为，这是一个休息的日子。《以赛亚书》第 58 章第 13 节中记载：“在我圣日不以操作为喜乐，称安息日为可喜乐的。”为此，犹太人常在安息日到来之时，举行各种形式的聚会，以示庆祝。这一聚会可以在犹太会堂举行，也可以在家中进行，常常与庆祝安息日的其他活动安排在一起。

为了表示欢乐，安息日的三餐往往不同于往常的菜肴。安息日的三餐指星期五晚餐、星期六午餐（早餐、午餐通常合二为一）和安息日结束餐。其中，安息日的第一餐是最为丰盛的一餐。按照犹太教风俗，犹太教徒不能在安息日期间开火做饭，已经点燃的火可以不用熄灭，因此犹太人需在安息日到来之前准备好餐食。为了周六依旧可以吃到热腾腾的饭菜，犹太家庭主妇发明了各式各样的小火慢炖（slow-cooked stews），统称为 hamin（来自希伯来语 ham，意为 hot）。在不同的犹太社区中，小火慢炖的烹饪方法相似：将食材放在一个大锅中，在周五日落前将锅放在 100 度到 125 度的烤箱中。但不同犹太社区使用的食材和慢炖名称各不相同。波兰犹太人称之为霍伦特（cholent），主要用豆类、大麦、土豆和短排骨制作；匈牙利犹太人称之为索莱特（solet）；法国犹太人用红葡萄酒代替东欧犹太社区制作慢炖中使用的肉汤或水；西班牙和葡萄牙犹太人通常称之为阿达菲纳(adafina)，主要使用羊肉、香草和藏红花等食材；伊拉克犹太人主要使用鸡肉、姜黄和新鲜薄荷来准备特比特（tebit）；意大利犹太人通常使用羽衣甘蓝、鸡肉丸子和新鲜鼠尾草制作慢炖菜肴；在北非的一些地区，传统的安息日炖菜达菲娜(dafina)是由肉、土豆、鹰嘴豆、枣、孜然、蜂蜜或辣酱和肉桂混合而成。此外，安息日必备的基本菜式有沙拉、浓汤、鱼、肉、甜品等 5 样，同时也可以根据自己家人的口味，增加炒饭、面条、烧土豆等可口菜肴。常见的安息日食物还有哈拉面包和葡萄酒。吃肉也是安息日的传统，因为犹太人一直认为肉是一种奢侈且特殊的食物。现如今，犹太人在安息日期间还常常举行联欢活动，包括吟唱安息日颂歌、集体研读《圣经》、发表演讲、听音乐等。

犹太新年

犹太新年为犹太历提斯利月初一，是犹太人最重要的节日之一。节日期间，全国放假两天。教堂里吹起羊角号，取意与上帝通话，期望得到上帝的祝福。朋友见面问新年好（Shana Tova）。人们在这一天要回顾自己在过去一年的言行，反省自己可能犯下的罪孽。庆祝新年的方式之一是去会堂参加新年宗教仪式，人们要进行三次祈祷，三次吹响羊角号，号声既表示对上帝的敬畏，也表示对上帝的信仰。虔诚的犹太教徒还要在午后到海边、河边或有流水的地方，举行赎罪仪式，通读《圣经·弥迦书》中的一节“将我们的一切罪投于深海”，三次摇动衣服的边，表示抛弃了罪孽而变得纯洁，有人还把过去一年的罪过写在纸片上，投入火中，表示洗清了自己的罪。

犹太新年不仅是敬畏的日子，同时也是喜庆的日子，全家人通常在这一天团聚。像中国春节，大多数人为了来年的团圆和美满，都会在新年的当天吃上一盘饺子。在以色列，人们在新年晚宴上通常要吃苹果蜜饯和蘸有蜂蜜的面包，以象征来年像苹果和蜂蜜一样，甜蜜幸福。家里的男主人在晚上主餐时要吃鱼头，预示新的一年中事事都占头。此外，人们还会在当天吃一种圆形的哈拉面包。有的人还会互送贺年片和新年礼物，不少人也会外出旅游，以示欢乐。正统和保守派犹太教徒通常庆祝两天，改革派犹太人则只庆祝一天。

光明节

哈努卡节，又称净殿节或光明节，此节是为了纪念公元前 165 年犹太民族反抗异族统治起义胜利，收复耶路撒冷，洁净第二圣殿并把它重新献给上帝的日子。公元前 168 年，统治巴勒斯坦的塞琉古王朝安条克四世为了强制推行“希腊化”，宣布犹太教非法，并采取各种严厉措施消灭犹太教。这一仇视犹太教的做法导致了一场反抗塞琉古王期统治的犹太人起义。3 年后，以犹大·马加比为首的起义取得了胜利，耶路撒冷被犹太人收复。犹大·马加比下令清洗圣殿，清除异教痕迹，重建犹太人祭坛，并规定了庆祝这一胜利的日期。节日最主要的仪式是点燃九枝灯台，第一天点燃一盏，以后每天增加一盏，一直到第八天结束，故也有人称之为“灯节”。

为了纪念当年只够维持一天的灯油燃烧了八天的奇迹，人们常食用油炸食品。传统必食的油炸食品是油炸土豆丝饼，将土豆切碎后，裹上一层洋葱粉，然后炸制成金棕色。晚餐结束后，人们特别是儿童，

光明节烛灯　刘洪洁 摄

甜甜圈　李永强 摄

还要玩一种旋转陀螺的游戏。所使用的陀螺上有四个字母，是“这里出现伟大奇迹”的缩写，以纪念马加比起义以少胜多，以弱胜强，建立了犹太人自己的王国——哈斯蒙尼（马加比）王朝这一“奇迹”。在光明节期间，以色列人还会大口享用美味的甜甜圈，各式各样的馅料，如草莓、巧克力、奶油等，让人眼花缭乱。据统计，以色列人每年会吃掉2千多万个甜甜圈来庆祝光明节！节日期间，特拉维夫独立公园里还会开设一系列的免费活动，以色列博物馆以及大卫博物馆里还会有专门的导游为游客讲解历史。

普珥节

普珥节（Purim），“普珥”在波斯语中译为“抽签”，是以色列人为纪念以斯帖王后挫败哈曼企图把波斯全境的犹太人斩尽杀绝的阴谋而设。相传，波斯宰相哈曼生性残暴，立意灭除全波斯犹太人，并用抽签方式确定屠杀日期为亚达月13日，但犹太女子以斯帖以其智勇说服国王，不仅及时粉碎了哈曼的阴谋，而且将哈曼及其同党、家人一举斩尽杀绝，从而解除了犹太人的灭顶之灾。为庆祝胜利，定亚达月14、15日为普珥节。

普珥节的前一天，正统犹太教徒要禁食一天。普珥节当天，犹太会堂要举行特别仪式，宣读《以斯帖记》。每当哈曼的名字被提及，参加宗教仪式的孩子都要用竹条或棘轮发出“啪啪”声，以示对他的谴责。《圣经》规定“在这两日设筵欢乐”。为此，每逢普珥节来临，家家都设宴，开怀畅饮，并举行各种各样的庆祝活动，其中最常见的是篝火晚会，年轻人戴上面具，围着篝火载歌载舞，尽情狂欢，因此也有人称之为狂欢节。为了表达对哈曼的仇恨，犹太人在晚会上通常会吃一种叫“哈曼的耳朵”（Hamantaschen）的三角甜饼，意为吃掉恶官的耳朵或帽子。为庆祝普珥节，很多人都会选择自己在家中制作三角甜饼。其制作方法有点类似中国的饺子，先准备圆形的面团，再准备馅料。不同的是，中国的饺子馅儿完全在饺子皮里面，而三角甜饼先将圆形面团折叠成三角形状，再在中间放自己喜欢的馅儿，其外

哈曼耳朵[1]　sheri silver 供图

形有点像一顶三角形的帽子，帽子里兜着带馅儿的糕点。三角甜饼的馅儿由很多不同的食材制作而成，例如李子、坚果、枣、杏、开心果、葡萄干、苹果等。

逾越节

逾越节，犹太教重要的节日之一。据《圣经》记载，因饥荒逃到埃及的以色列人在经过一段时间的休养生息后，人口快速增长，势力也随之扩大，埃及统治者法老为此感到恐慌，遂下令将埃及境内的以色列男婴通通杀尽，以免其繁衍后代。同时，对以色列成人进行强制性奴役，罚其终身苦役，致使以色列人的处境十分悲惨。上帝得知他的选民竟遭受如此之苦难，命令摩西率领以色列人举族离开埃及，回到应许之地——迦南定居生活。谁知，法老不愿失去为其服务的奴隶，有意刁难，不让以色列人离去。在上帝的授意下，摩西和亚伦先用魔

① 图片来源：https://upsplash.com/photos/LBEytWZnxbQ.

杖威力变蛇、变水为血、引发蛙灾，后用虱子、苍蝇、兽疫、烂疮、雹子、蝗虫和黑暗等灾难威胁法老。当灾难降临时，法老同意让以色列人离开，但灾难一消除，法老就出尔反尔。上帝大怒，决定用第十灾，即杀死埃及的所有长子和一切头生牲畜的办法迫使法老屈服。为了防止错杀以色列人，上帝命令摩西吩咐以色列人事先在自家的门楣和门框上涂抹上羊血，上帝见有羊血的人家就“逾越”过去。果然，上帝在尼散月（公历 4 月前后）14 日击杀埃及境内头生人畜时，以色列人全都安然无恙。法老摄于上帝的威力，同意以色列人离开埃及。以色列人为感恩上帝对以色列人的拯救，把每年尼散月 14 日起的 7 天定为逾越节。

逾越节期间，犹太人对食物有一些非常严格的要求。其一，节日期间，禁止食用或拥有发酵食品。节日前，犹太人要清除家中所有的发酵面食。节日期间，超市里禁止出售和食用发酵食品，通常食用无酵饼（matzah）。不同犹太社区制作无酵饼时使用的食材不同，阿什肯纳兹人仅使用面粉和水，塞法尔迪人在此基础上加入鸡蛋，相同的

逾越节期间超市封闭销售发酵食品的专柜　刘洪洁 摄

是两者使用的面粉都必须是犹太饮食律法中指定的五种谷物，即小麦、大麦、斯佩尔特、黑麦或燕麦。其二，举行逾越节家宴，时间通常定在犹太历尼散月 15 日。举行家宴时，正统犹太人会使用一套专供逾越节使用的餐具。家宴开始时，全家洗手，家长身着白袍，举杯为节日祝福，而后把生苦菜或其他生菜蘸醋或盐水后分给每个人。然后，将象征古代逾越节供品羔羊的羊胫骨和煮鸡蛋自盘中取出。斟满第二杯酒后，家中年幼者就此节日礼仪提出四个问题，随后全家依次诵读《哈加达》，复述《出埃及记》中的有关情节。全家人再次洗手，分食蘸有酒酿果酱的苦菜和无酵饼，在逾越节期间，人们至少要吃一个橄榄大的无酵饼，再吃主菜。再斟满第三杯酒，感谢上帝恩惠，全家人在齐诵《颂赞诗篇》声中，将这杯酒一饮而尽。接下来，斟第四杯酒感谢上帝的全知护佑，同时还要斟满一杯酒献给以利亚，最终在“明年相聚在耶路撒冷”的祝词中结束。在此期间，人们还会吃一道风味独特又极具特色的犹太美食——一款甜甜的果泥（Charoset），其主要成分包括苹果、梨、葡萄干、无花果、橙汁、红酒以及松子、肉桂等。

逾越节前日正统派家庭焚烧未吃完的发酵食物　刘洪洁 摄

五旬节

五旬节，亦称“七七节”或“收成节”，是犹太教的传统节日之一，是为了庆祝农作物丰收的节日。据《圣经·利未记》记载，从逾越节算起，7 个星期之后希伯来人要庆祝七七节。两节之间相隔 49 天，再加上一个安息日恰好 50 天，因此也有人称七七节为五旬节。在五旬节期间，人们要通读《圣经·出埃及记》中有关摩西在西奈山上朝见上帝、传达上帝的十条诫命和各种教规法典的章节。这一天也是犹太会堂举行隆重的成年礼仪式的时候，凡年满 13 周岁的犹太少年均要参加这一仪式，表明他们像自己的父辈先人一样，已与上帝缔约，决心承担宗教义务。此外，犹太人还要在会堂中诵读《路得记》。在五旬节期间，人们会用鲜花来装饰自家庭院，还会吃一些奶制品，如奶酪蛋糕、奶酪薄饼 (Blintzes)、奶酪三角馄饨等。

奶酪薄饼[①] natan10 供图

① 图片来源：https://pixabay.com/zh/photos/food-cherry-individual-serving-11466481.

六

多样化的美食

由于各个国家和地区在政治体制、经济发展程度及文化背景等方面存在不同，饮食习惯也不尽相同。在中国，美食多种多样，如河南的胡辣汤，湖南的米粉，广东的烧腩肉、烤乳猪和港式点心，贵州的酸汤粉，武汉的热干面，福建的水煎包，江苏的灌汤包，陕西的麻花油茶，还有北京的烤鸭。在美国，以汉堡包、热狗和炸鸡等快餐为主。在泰国，以辣、酸、甜为特色，如冬阴功汤、泰式菠萝炒饭、芒果糯米饭等。泰国的果汁也非常有特色，比如新鲜的椰子水、芒果汁、柠檬汁等。那么在以色列呢？以色列虽然国土面积比较小，但其饮食文化受到多个国家和地区的饮食习惯和烹饪技巧的影响，如来自西亚、北非、中欧和东欧的犹太移民，以及当地阿拉伯的烹饪习惯。因此，以色列的美食极具多样性，不仅有西方美食的美味，也蕴含着东方美食的特点。从熟悉的熏鱼、罗宋汤、烤面包到沙拉、辛辣味道的汤和肉馅油炸糕点，应有尽有，总有一款美食可以击中你的味蕾。

特色菜肴

皮塔饼（Pita）

皮塔饼，又名“口袋面包”，在以色列是非常受欢迎的食物，既

胡姆斯酱、法拉费、皮塔饼套餐，附加北非蛋　刘洪洁 摄

可以作为小吃，也可以作为主食。乍一看，外观有点像中国的布袋馍，但比布袋馍更薄一点，里面可以夹各式各样的食物，像胡姆斯酱、新鲜蔬菜、烤肉等食物都可以夹在皮塔饼里。在以色列，吃一顿饭，桌子上可能有十几二十盘皮塔饼的配菜。对以色列人来说，如果没有皮塔饼，生活将是不可想象的。根据犹太饮食律法的规定，奶制品和肉类不能一起食用，因此，这里的皮塔饼里如果放了奶酪就一定没有肉，有肉的皮塔饼里面绝对没有奶油酱。

法拉费（Falafel）

以色列是素食人口比例较高的国家之一，有5%以上的人声称自己是素食主义者。因此，以色列又被称为“素食主义者的最佳旅行目的地”。如果你喜爱素食，那么你一定不能错过以色列的国民小吃——法拉费。在以色列，无论大街小巷，你都能买到法拉费，有人还将它称为“以色列汉堡”。

法拉费（犹太版）　刘洪洁 摄

法拉费的主要食材是鹰嘴豆，将鹰嘴豆磨碎后，加入香料与新鲜蔬菜，揉成丸子的形状，下入油锅炸制，口感外焦里嫩，有点像中国的“炸蔬菜丸子”。法拉费通常搭配着皮塔饼，或搭配着其他新鲜的蔬菜、水果，如黄瓜切片、洋葱色拉、甜菜、玉米粒、生辣椒、烟渍橄榄等，也可以单独吃。

北非蛋（Shakshuka）

谈到以色列的食物，想要忽略北非蛋是不可能的。北非蛋是以色列最受欢迎的食物之一，这是一道可以和皮塔饼、胡姆斯酱相提并论的国民菜。它的历史非常悠久，据说可以追溯到奥斯曼帝国时期，是由来自突尼斯的犹太移民带到以色列的，一般作为早餐或午餐来食用。北非蛋，又被称为番茄蛋酱，其实就是鸡蛋搭配着番茄酱、辣椒、洋葱等各种调料，再根据个人的喜好加点胡萝卜、香菜、菠菜等蔬菜或者羊乳酪，随后进行烘烤，最后盛放在一个圆形的铁锅中（一般连锅端出食用）。很多人喜欢将北非蛋抹在面包上吃，味道极佳。从食材上看有点像中国的西红柿炒鸡蛋，不同的是，北非蛋的鸡蛋是不打碎的，整个鸡蛋都卧在酱料里。

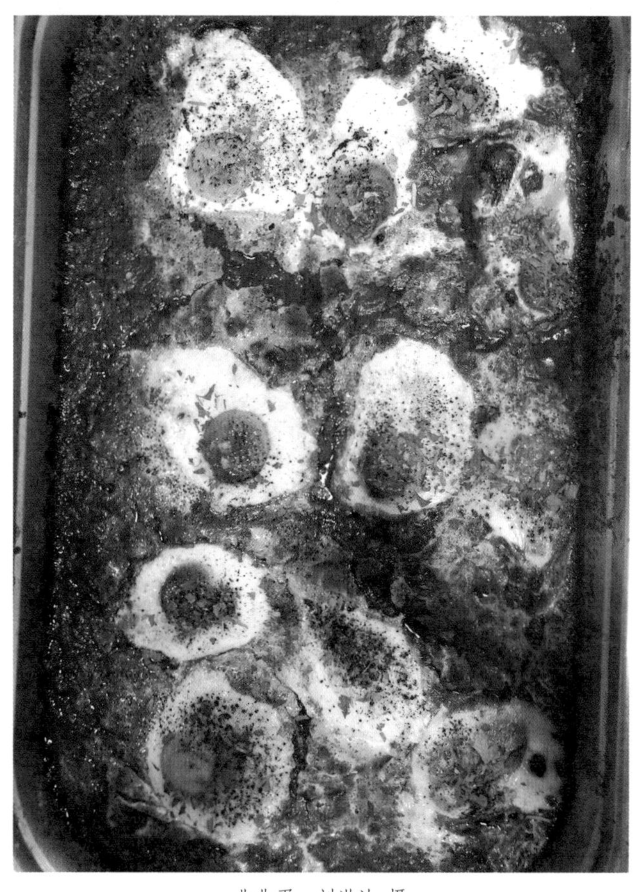

北非蛋　刘洪洁 摄

萨比哈（Sabich）

以色列的街头小吃远不止皮塔饼和法拉费，受到人们追捧的美食还有萨比哈，萨比哈也被称为中东三明治。它最初是伊拉克犹太人安息日的早餐，在20世纪50年代由伊拉克移民带入以色列。它的配料极其丰富，主要由烤或炸茄子、以色列沙拉、煮熟的鸡蛋、芝麻酱或者酸芒果酱组成，通常搭配着皮塔饼一起食用。

沙威玛（Shawarma）

当然，肉类爱好者也不必担心在以色列吃不到什么好吃的。如果你在以色列想吃鲜嫩多汁的肉食，那么你一定不要错过沙威玛！在以色列，沙威玛是一种很受欢迎的街头小吃，起源于土耳其，主要是将切成薄片的鸡肉、火鸡肉或其他肉类串在一个缓慢旋转的烤肉架（垂直摆放）上烤制，食用时再将其一片片削下，通常搭配芝麻酱、鹰嘴

沙威玛　李永强 摄

豆泥、新鲜的蔬菜沙拉，放进皮塔饼里一起食用。

霍伦特（Cholent）

霍伦特，是阿什肯纳兹人为安息日烹饪的菜肴，目前，在以色列各地的菜单上都很常见。犹太教规定，在安息日期间禁止烹饪，因此，安息日的三餐必须在星期五日落前全部完成。那怎么才能在安息日吃到既营养又让人暖和的食物呢？犹太人便发明了一种可以长时间炖的菜肴，将肉、胡萝卜和土豆等食物放在一起，用小火慢炖 12 小时，通常是从星期五开始，一直炖到星期六午餐时间。

克莱姆（Chraime）

克莱姆，是北非犹太人为犹太传统节日烹制的菜肴。这道菜主要是将西红柿、辣椒和孜然等材料淋在烤鱼上制成。当然，也可以根据自己的口味进行调制，如果喜欢非常辣的食物，可以让厨师在烹饪过程中多放一点辣椒。

库贝（Kubeh）

库贝是由伊拉克犹太移民带到以色列的一道正宗的中东菜肴。这道汤是由碾碎的干小麦、洋葱和碎肉做成的，在寒冷的冬天，喝上一碗热气腾腾的库贝，你会觉得幸福莫过于此了。食材不同，汤的颜色也有所不同，可能是红色的，也可能是黄色的。

炸肉排（Schnitzel）

以色列炸肉排是由中欧的犹太人带到以色列的，在以色列建国之前和初期，小牛肉是不容易买到的，鸡肉和火鸡逐渐成了替代品。来以色列很少有人从来没有吃过炸肉排，它受欢迎的程度可以与烤肉（Kebab）相媲美。炸肉排不仅出现在街头小店里，也出现在正式的场合中，从婚礼到政治晚宴，甚至一些阿拉伯餐馆为了迎合大众的需求，也在菜单上增加了炸肉排。人们通常搭配以色列沙拉、土豆泥或者薯片来吃。现如今，素食版本的炸肉排也已经流行起来，以色列蒂沃尔（Tivol）食品公司就是其主要的生产商。

烤肉（Kebab）

这款烤肉通常选用牛肉、羊肉、鸡肉作为原料，将肉串用铁签串起来，有点类似于中国的羊肉串，腌制一晚后再放到炭火上烤，边烤还要边转动，烤到似焦非焦的程度，再撒上些自己喜欢的调味料，外焦里嫩，香嫩多汁。直到今天，以色列烤肉依旧是餐馆里最受欢迎的菜肴之一。在以色列，一般有三种烤制方式：第一，阿拉伯式，通常由切碎的羊肉、洋葱、欧芹、松子和香草制成；第二，罗马尼亚式，由牛肉、大蒜、小苏打制成；第三，保加利亚式，通常搭配绿色小麦食用，吃起来会有更多的肉汁。个人推荐的话，选保加利亚式！大部分以色列人会选择搭配皮塔饼或者薯条一起食用，但如果按照中国人的口味来说，选择搭配米饭的人会多一些。

烤肉（Kebab）　刘洪洁 摄

彼得鱼

彼得鱼这个名字是有来历的。据《圣经》记载，耶稣让他的使徒彼得将加利利海中的每种鱼各捉一条，彼得竟捉来了153条！因此，后人将加利利海出产的鱼称作“彼得鱼”，用来纪念彼得。彼得鱼的烹饪方式非常简单，只需炸就好，吃之前挤上新鲜的柠檬汁，撒点盐，口感脆脆的，鱼肉异常鲜美。如果条件允许的话，吃彼得鱼一定要选加利利海湖畔附近的餐厅，一边享受着美食，一边欣赏美景，真是想想就很开心。

吉菲特鱼（gefilte fish）

吉菲特鱼，又被称为填充鱼（stuffed fish），是由符合犹太饮食律法的碎鱼片制成，犹太人常在安息日当天食用。传统的做法是使用淡水鱼，尤其是梭子鱼或鳊鱼科的鱼，将鱼洗干净并去骨，然后切成鱼片，与剁碎的洋葱、胡萝卜以及芹菜（可根据自身口味）一起放入汤中煮。等食物被彻底煮熟后，将其从汤中捞出，然后做成鱼饼或鱼丸的形状。可以搭配酱料（如辣根汁）一起食用，平日里也可以放入冰箱中冷藏。

沙漠松露（Terfezia boudieri）

以色列的饮食文化还受当地的地形和气候的影响。例如，水源充足的加利利地区种植了各种各样的水果。此外，作为农作物的集聚地，沿海平原地区还盛产荔枝、鳄梨、椰枣、草莓、西红柿、辣椒、黄瓜、柑橘、甜柿莎隆果(Sharon Fruit，柿子的一个品种）、山核桃、橄榄、杏仁、石榴等。内盖夫地区生长着沙漠松露，虽然香气、口感和味道不如欧洲松露，但依旧被认为是一种美味，生长季节一般在每年的冬末和早春。沙漠松露可以切片、烤或油炸，或用于炖菜和其他慢煮菜肴。据说它们的价格也只有欧洲松露同类产品的十分之一左右，因此一旦在市场上开始售卖，常常被买家一抢而空。

面食

酥皮饼（Bourekas）

酥皮饼起源于土耳其，后由犹太移民从土耳其和巴尔干半岛国家（如保加利亚和斯洛文尼亚）带到以色列。它的最外层是一层极薄的生面（phyllo），常使用的馅料有土豆、菠菜、蘑菇以及奶酪，最后在饼皮表面撒上些许芝麻加以烤制。可以根据自己的喜好选择形状和尺寸，有的是圆形，有的是矩形，还有的是三角形。现如今，酥皮饼在以色列的大多数面包店和超市都能买到，是以色列最常见的零食之一，人们一般选择单独食用或者搭配蔬菜沙拉食用。如果条件允许的话，最好是从烤箱里拿出来后趁热吃，味道更好。

酥皮饼　李永强 摄

马拉瓦（Malawach）

马拉瓦，其实就是以色列版的手抓饼，是犹太人从也门带到以色列的众多菜肴之一。将面饼表面涂一层油后煎熟，食用时可以搭配各种各样的食物或酱料，如鸡蛋、番茄酱、辣椒酱等。

面条布丁（Lokshen Kugel）

犹太人常在安息日、犹太新年或赎罪日等犹太节日中食用面条布丁，它通常由鸡蛋面和土豆制成。

扎克纳（Jachnun）

扎克纳原本是也门犹太人星期六早上必吃的糕饼，后来被带到以色列。颜色呈暗琥珀色，味道略带点甜味，可以单独吃，不过大多数人会选择搭配着番茄酱、煮鸡蛋和沙司（一种辣酱）一起吃。

土豆煎饼（Latkes）

土豆煎饼，最早起源于东欧，多年来一直是犹太人的主食之一，也一直是以色列餐厅菜单上的常客。可以单独吃，也可以作为肉类的配菜，也可以搭配酸奶油或白软干酪一起食用。

以色列库斯库斯（Israeli Couscous）

以色列库斯库斯，被称为小颗粒的意大利面。原是北非马格里布（阿尔及利亚、突尼斯、摩洛哥、毛里塔尼亚）地区流行的一种传统主食，后由犹太移民带到以色列。它是由小粒球状的粗面粉（Semolina）制作出来的，一般蒸熟后就可以食用，口感滑滑的，可以单独作为主食吃，也可以搭配蔬菜、肉和酱料等一起吃。

以色列库斯库斯　李永强 摄

酱料

以色列有四种十分受人欢迎的酱料：胡姆斯酱（Hummus）、芝麻酱（Tehina）、茄子泥（Baba Ghanoush）和酸芒果酱（Amba）。就像到了四川要吃火锅、到了河南要尝尝烩面一样，来到以色列如果不尝试一下这四种酱料，简直是白来了。

胡姆斯酱（Hummus）

胡姆斯酱，又称“鹰嘴豆泥”，绝对是以色列的国民食品，许多离开以色列的人回到以色列第一件想去做的事就是“来点胡姆斯”。胡姆斯酱主要是把煮熟的鹰嘴豆碾碎，鹰嘴豆中含有丰富的植物蛋白，再加上盐、大蒜、橄榄油、柠檬和芝麻酱等制成，有时还会添加一些坚果。配料的比例可以根据个人口味的不同而变化，也可以加入孜然粉、小豆蔻粉等香料。胡姆斯酱可以搭配着蔬菜、沙拉、三明治吃，

胡姆斯酱　刘洪洁 摄

豪华版胡姆斯酱（配肉与沙拉）　刘洪洁 摄

甚至还可以用于腌制肉类。有人说，胡姆斯酱对于以色列人而言，宛如生活必需品。在以色列，它的身影随处可见。除了可以自己制作胡姆斯酱外，现如今一些工厂也开始批量生产胡姆斯酱，不仅在以色列街头的商店可以买到，一些品牌甚至在海外畅销了几十年，如萨布拉（Sabra）、部落（Tribe）等。

芝麻酱（Tehina）

芝麻酱，简称麻酱、麻汁，最早是由阿拉伯国家的犹太难民带到以色列。芝麻酱通常是将芝麻磨成粉末并加以调制，被用作皮塔饼、沙拉三明治和其他菜肴的配料。根据芝麻的颜色，可以调制出白芝麻酱和黑芝麻酱。芝麻酱还分生芝麻酱（芝麻磨粉前不炒熟）和熟芝麻酱（芝麻磨粉前炒熟）。如今，芝麻酱已经成为以色列饮食文化的一部分。根据持久性市场研究（Persistence Market Research）最近的报告表明，全球芝麻酱的销量正在以每年 5% 的速率增长，其中以色列是芝麻酱主要的生产国之一。仅 2016 年，以色列向美国、加拿大、

芝麻酱　李永强 摄

澳大利亚等国出口芝麻酱就获得了 3000 万美元的收益。

茄子泥（Baba Ghanoush）

其实，这就是一种茄泥酱。跟中国烧烤时将整个茄子烤着吃的做法不同的是，这种茄子泥是先将整个茄子放入锅中加热煮熟，然后去皮，沥干水分，之后再用叉子将茄子捣碎，再与芝麻酱、柠檬汁和盐等搅拌均匀，口味偏酸，很开胃。很多人会搭配着皮塔饼一起食用，非常爽口。

酸芒果酱（Amba）

酸芒果酱是一种拿芒果和醋做成的酱汁，偏酸甜口味，通常被涂在沙拉三明治、北非蛋或皮塔饼上。特拉维夫第二大市场——哈提克瓦（HaTikvah）市场是购买自制酸芒果酱的最好地方之一。

酸芒果酱　李永强 摄

甜　品

牛奶布丁（Malabi）

在《圣经》中，以色列被誉为 “流着奶和蜜的应许之地”，而牛奶布丁无疑是“奶与蜜”的最佳代表作之一，是以色列一道非常有名的甜品。牛奶布丁上面浇一层玫瑰味或者香橙味的糖浆，再撒上一些坚果碎，配料虽然简单，但入口即化，让你一吃就停不下来。

牛奶布丁　刘洪洁 摄

拿菲（Knafeh）

当街头小吃都尝过之后，不妨再尝试一下拿菲。拿菲是一种传统的中东甜点，在以色列也很常见，主要是由奶酪、面粉、油和糖制作而成。拿菲下面一层是奶酪，上面一层“酥皮”是由粗面粉和坚果炒制而成。

拿菲 李永强 摄

拿菲 刘洪洁 摄

哈瓦糕（Halva）

对于爱吃甜食的你来说，一定不要错过哈瓦糕！哈瓦糕是以色列的传统手工美食，符合犹太饮食律法。哈瓦糕最常用的原材料包括芝麻酱、咖啡豆和多种坚果黄油，如开心果黄油、杏仁黄油或葵花籽黄油。目前，哈瓦糕在全球四十多个国家都非常畅销，有多种口味，如巧克力、浓咖啡、香草、山核桃、开心果、奥利奥等，任何你想要的口味，都可以在以色列的市场上找到。虽然这不是犹太人日常的早餐，但是以色列部分酒店会将其当作早餐提供给客人，有的商家甚至还将哈瓦糕做成了冰淇淋。

哈瓦糕　李永强 摄

甜甜圈（Sufganiyot）

每年光明节前后，面包店的货架上都摆满了甜甜圈。甜甜圈上方通常裹上一层果酱，然后再撒上一些糖粉。现如今，一些面包房除了

甜甜圈　刘洪洁 摄

继续出售传统的草莓口味的甜甜圈，还做出了一些令人意想不到的口味，如波士顿奶油派（Boston Cream Pie）、奥利奥（Oreo）、牛奶甜酒（dulce de leche）等。不管了，好想来一口甜甜圈，减肥什么的明年再说吧……

巴克拉瓦（Baklava）

巴克拉瓦，又称果仁蜜饼，口感酥松香脆，在整个中东地区都十分受欢迎。它由多层很薄的酥皮烤制而成，里边装满了各种坚果，有的是核桃，有的是开心果，再搭配一杯红茶或咖啡那就更完美了。

巴克拉瓦 刘洪洁 摄

巴克拉瓦　刘洪洁 摄

巴布卡面包（Babka）

巴布卡面包的名字来源于斯拉夫语祖母（babcia），因此巴布卡面包又被称为“奶奶的蛋糕”。它是由一种用酵母发酵的面团做成的面包，外观有点像豆沙面包，可以很直观地看到面包里边的馅儿，馅料一般以肉桂糖、巧克力酱、坚果或奶酪为主。制作过程也比较简单，将馅儿裹进发酵后的面里，切成两股，随后编织出花环、圆形等形状，最后再放到烤箱里烘烤。味道香脆可口，是以色列最受欢迎的甜点之一。仅仅在特拉维夫，以巴布卡面包为主打的面包店都有五家，是这座城市最受欢迎的面包品种之一。

巴布卡面包　李永强 摄

蜂蜜蛋糕（Honey Cake）

蜂蜜蛋糕无疑是“奶与蜜”的代表作之一，对于犹太新年来说是必不可少的，因为它的甜味象征着对美好一年的祝愿。以色列的蜂蜜有各种各样的口味，洋葱花、桉树花、鳄梨和荔枝花等口味供你挑选。

贝果面包（Beigel 或 Bagel）

谈到传统的以色列食物，不得不提到贝果面包。贝果面包的主要食材有面粉、糖、盐、油等，嚼劲十足，带有一点点咸味，是以色列早餐中常见的主食之一。大多数人喜欢将面包切开后，抹几勺鹰嘴豆泥，加点蔬菜和鸡蛋等食材一起食用。

蜂蜜蛋糕 李永强 摄

贝果面包 刘洪洁 摄

哈拉面包（Challah）

Challah在希伯来语里是面包块的意思，外形有点像辫子，所以又有人称它为“辫子面包”。通常在犹太传统节日中食用，如安息日。

哈拉面包　刘洪洁 摄

可颂饼干（Rugelach）

一到周五，你就能在以色列的各个街角闻到可颂饼干独特的香味。急切想要在周末吃到它们的人们会自觉在面包店门口排起长队，等着它们从烤箱里出来。可颂饼干最外边一层是由奶酪制成的酥皮，里面的馅料多种多样，有果酱、坚果碎和巧克力等。“不幸”的是，由于它们的体积小，这些美味的饼干似乎永远都不够吃。

小零食

班巴（Bamba）

班巴是以色列最畅销的零食之一，其味道有点像中国的花生酱，有人还亲切地称它为“花生酱玉米条”。它主要是由玉米和花生制成的小零食，不含任何防腐剂或食用色素，并且富含多种维生素。喜欢清淡口味的人，一定不要错过！但是对花生过敏的朋友就要小心了！价格一般在 2.5 新谢克尔。班巴还有一款升级版，里边有夹心，价格一般在 5.5 新谢克尔。班巴的生产商是以色列最大的食品制造商和分销商之一——欧塞姆投资有限公司（Osem Investments Ltd.），根据欧塞姆投资有限公司的数据显示，班巴这款小零食占据了以色列将近四分之一的零食市场。欧塞姆投资有限公司每天大约生产 100 万袋这种外脆内软的小零食。调查显示，以色列高达 90% 的家庭会定期购买

班巴　李永强 摄

班巴　李永强 摄

班巴。班巴最早于1964年开始生产，当时的味道还是奶酪口味的，1966年才开始生产花生酱口味。如今，班巴已经成为以色列饮食文化的一部分，甚至在班巴的生产工厂里还专门设有游客中心，游客不仅可以参观班巴制作的过程，还可以品尝所有口味。如果不知道买什么特产送给朋友，班巴是个不错的选择。

阿婆婆（Apropo）

阿婆婆的外形有点像中国的妙脆角，口感酥脆，主要是由玉米制作而成。因其形状独特，很多人会选择将其套在手指上，有时还拿着蘸酱吃。

阿婆婆　李永强 摄

奶油（Krembo）

Krembo，在希伯来语中意为“奶油”，是以色列最受欢迎的甜食小零食之一，深受小孩们的喜欢。Krembo 的包装非常可爱，每一个都是用锡纸手工包裹的，上边还有卡通人物的图案。Krcmbo 的口感也很不错，最外边一层包裹着巧克力，里边是奶油，有香草和摩卡两种口味。因为巧克力在高温下易融化，所以 Krembo 一般只在 10 月至次年 2 月售卖，因此有人称它为以色列的国家冬季零食。

在以色列，Krembo 究竟有多受人喜欢呢？你既可以在随处可见的便利店买到 Krembo，也可以在以色列高档餐厅的冬季甜品菜单上看到它，甚至在希伯来版本的《哈利 · 波特与魔法石》中，邓布利多教授最喜欢吃的甜点是 Krembo 而不是柠檬雪宝糖（Sherbet Lemon）。

佛拉佛点心（Bissli）

在希伯来语中，Bissli 的意思是“for me”（给我）。这款零食诞生于 1970 年，酥脆的口感使其在以色列深受欢迎。佛拉佛点心是继班巴后，欧塞姆投资有限公司第二款畅销的小零食。目前，佛拉佛点心有多种口味，如烧烤、洋葱、比萨、沙拉和墨西哥等，并且每种口味都有不同的形状。如果您喜欢吃更咸一点的小零食，这是一个很好的选择。有一些人像捏方便面式地将其捏碎，然后用它代替面包屑与炸肉排一起吃。

佛拉佛点心（烧烤味）　李永强 摄

布丁　李永强 摄

布丁（Milky）

布丁在以色列已经存在很长时间了，是以色列最受欢迎的小零食之一。喜欢吃甜食的你，可千万不要错过！布丁下面通常是巧克力布丁，上面覆盖着一层生奶油。一定要细细品尝布丁最上面的那层奶油，吃过的人都赞不绝口！除了最初那款巧克力口味广受好评外，近年来，草莓、香草、奶昔、迷你布丁等口味也受到消费者的喜爱。

克利克（Klik）

甜食爱好者们，尤其是巧克力爱好者，请记笔记！克利克是以色列巧克力爱好者的最爱！以色列几乎每家商店都能买到这种巧克力。克利克以小包装为主，款式多种多样，无论是小块巧克力还是巧克力棒，总有一款适合你，口味也多种多样。浓郁可口的巧克力配上玉米脆片、玉米球、榛子、核桃或者石榴汁都是不错的选择。

佩塞克·兹曼（Pesek Zman）

这款零食是由施特劳斯集团（Strauss Group）旗下的精英糖果品

牌（Elite confectionery brand）生产的。1982 年首次亮相，一直到现在都很受欢迎。它的外形与普通的巧克力威化饼没什么不同，之所以那么受欢迎，是因为它在制作过程中使用的是榛子奶油，让人忍不住买完第一次再买第二次。

威化饼（Wafers）

这款零食在以色列非常受欢迎，在任何一家超市或者便利店都能找到。在希伯来语中，它们被称为 vaflim 或 baflim。据消费者报告显示，92% 的家庭定期购买威化饼。从幼儿园到军队，再到商务会议，威化饼都是必备零食。口味多种多样，有巧克力味、柠檬味、香草味、榛子味和咖啡味等。

威化饼（牛奶口味）　李永强 摄

威化饼（榛子口味） 李永强 摄

椒盐卷饼（Pretzels）

以色列椒盐卷饼是一种健康零食，不含任何防腐剂或食用色素，非常适合蘸奶酪、胡姆斯酱或其他美味的酱汁。以色列椒盐卷饼的形状也是多种多样，有圆形、三角形、长条形、正方形等。现如今，以色列椒盐卷饼的口味也是五花八门，包括巧克力味、椒盐味、咸芝麻味、辣椒味等。

椒盐卷饼　李永强 摄

七

以色列“醉”美名片

以色列不仅是流奶与蜜的国度，同时也是葡萄酒和啤酒的殿堂。以色列的国土面积虽小，却拥有数以百计的葡萄酒庄和几十家啤酒工厂。在过去的几十年里，无论是数量还是质量，以色列酒业的发展逐渐被世界所认可。

历史的沉淀以及酿酒技术的蓬勃发展，使得以色列成为葡萄酒“新世界”中的佼佼者。目前，以色列大约有 70 家商业酿酒厂，最大的 10 家酿酒厂的产量占总产量的 90% 以上，出口额超过 4000 万美元。其中，超过 55% 的葡萄酒销往北美，约 35% 销往欧洲，其余的葡萄酒销往远东，这一比例还在不断上升。近年来，世界各地的品酒师、零售商和葡萄酒评论家对以色列葡萄酒的评价颇高。罗伯特 · 帕克（Robert Parker）、休 · 约翰逊（Hugh Johnson）等人和《葡萄酒观察家》（*Wine Spectator*）、《品酒师》（*Decanter*）等杂志都意识到，这个新世界葡萄酒国家正在发生一些积极的事情，它位于地球上最古老的葡萄酒产区之一。

历史悠久

喜爱葡萄酒的你，可一定要记得尝试一下以色列的葡萄酒，这里的葡萄酒可是有着上千年的历史。考古研究发现，酿酒艺术起源于黑海、里海和加利利海所构成的三角地带，而这里正是以色列国的所在地。近年来，在特拉维夫南部地区的一座酿酒厂中出土了五台压榨机和用于陈酿、装葡萄酒的仓库以及用于烧制储存葡萄酒罐子的窑炉。考古学家表示，这是一座拥有 1500 年历史的酿酒厂，据说是当时世界上最大的酿酒厂，成品的葡萄酒通过港口出口到欧洲、北非和小亚细亚，葡萄酒贸易十分发达。当时葡萄酒的消费量很大，远远超过今天，因为当时水经常受到污染，人们认为喝酒比喝水更安全。随着伊斯兰教的兴起，该地区葡萄酒业的发展开始停滞。直到 19 世纪后期，法国波尔多拉菲酒庄的所有者埃德蒙·罗斯柴尔德（Edmond de Rothschild）男爵开始投身于以色列葡萄酒业。他将一些主要的法国葡萄品种运输到巴勒斯坦并在当地种植，还派出了包括酿酒师和农学家在内的法国专家予以技术支持。同时，建造了大型酒窖，创立了卡梅尔酒庄（Carmel Winery），奠定了以色列葡萄酒产业发展的基础。随后，越来越多的葡萄酒厂也投身到酿酒技术的研究中，进一步推动了以色列葡萄酒产业的发展。

五大葡萄酒产区

葡萄园遍布以色列的土地，从沿海平原到中部丘陵，从上加利利到沙漠中的内盖夫。以色列虽然国土面积狭小，但有着多个不同的气候区，主要集中在加利利（Galilee）产区、犹地亚丘陵（Judean Hills）产区、撒玛瑞亚（Samaria）产区、内盖夫（Negev）产区、萨姆松（Samson）产区。目前，以色列国内葡萄园的总面积约为 5500 公顷，其中超过 80% 的葡萄园位于加利利、撒玛瑞亚和萨姆松产区。

1、加利利（Galilee）产区：位于以色列的最北部，西临地中海，东部的加利利海为其提供了水源。加利利地区包括上加利利、下加利利和戈兰高地，其中上加利利和戈兰高地备受注目。该地区土壤肥沃且排水性能好，海拔在 400 米到 1200 米之间，天气凉爽。优越的自然条件使该地出产的葡萄质量较好，生产的葡萄酒也在世界上名列前茅，1984 年戈兰高地酿酒厂出品的赤霞珠葡萄酒，在国际葡萄酒大奖赛上荣获金奖。

2、犹地亚丘陵（Judean Hills）产区：犹地亚丘陵位于中部以东地区，从耶路撒冷以北的山区，到古什埃齐翁（Gush Etzion），再到希伯伦以南的雅迪尔森林（Yatir Forest）。该产区所在地的海拔普遍较高，昼夜温差大。这里曾一度以酿造圣礼所用的甜葡萄酒闻名，后来，当地人用实力证明了该产区也可以酿造精品佳酿。现如今，以色列许多高品质的红酒都是来源于这个产区。

3、撒玛瑞亚（Samaria）产区：是以色列最传统的葡萄种植区，位于加利利以南地区，包括地中海沿岸的卡迈尔（Carmel）和靠近山区、海拔较高的撒玛利亚（Shomron Hills）两部分。该产区是典型的地中海气候，夏季炎热，冬季潮湿，十分适合葡萄种植。该产区主要种植的葡萄品种有霞多丽（Chardonnay）、西拉（Syrah）、赤霞珠（Cabernet Sauvignon）和梅洛（Merlot）等。

4、内盖夫（Negev）产区：位于沙漠地区，气候干燥，昼夜温差极大。该地区原本因水资源匮乏，无法成功种植出高品质的葡萄。但是，现如今以色列通过先进的滴灌技术对葡萄园进行灌溉，使得在该地区种植出高质量的葡萄成为可能。该产区种植的葡萄品种主要有黑皮诺（Pinot Noir）、霞多丽、赤霞珠和仙粉黛（Zinfandel）。

5、萨姆松（Samson）产区：位于以色列的中西部，主要包括中部海岸平原、犹太低地和犹太山麓三大部分。该产区的土壤类型主要为黏土、石灰岩和红土，气候类型为典型的地中海气候。种植的葡萄品种主要有小粒白麝香（Muscat Blanc a Petits Grains）、鸽笼白（Colombard）、霞多丽等。

复杂的地形导致各葡萄酒产区都有不同的特点，因此，种植的葡萄品种也多种多样。以色列种植最多的葡萄品种是赤霞珠、卡里南（Carignan）、梅洛、西拉、科伦巴（Colombard）和亚历山大的马斯喀特（Muscat）。目前，以色列优质的葡萄酒主要以波尔多混酿红葡萄酒（Bordeaux Red Blends）和波尔多混酿白葡萄酒（Bordeaux White Blends）为主。用于酿酒的红葡萄品种包括赤霞珠、梅洛、小维铎（Petit Verdot）和品丽珠（Cabernet Franc）。用于酿酒的白葡萄酒有长相思(Sauvignon Blanc)、霞多丽、雷司令(Riesling)、琼瑶浆(Gewurztraminer)和维欧尼(Viognier)。

酿酒技术的不断创新

近年来，以色列的葡萄酒酿造业重新焕发生机，离不开科技的发展以及酿酒技术的不断创新。七分原料三分工艺，好的葡萄酒是种出来的。现如今，许多人将以色列称为“创新国家”。这种不怕失败、敢于创新的文化是开发新葡萄品种的关键因素。以色列将滴灌技术运用到内盖夫地区的葡萄种植上，根据葡萄的需要精准地给予它所需要的水和营养，满足葡萄的生长需求，弥补自然资源劣势的缺陷，从而研发出了新的葡萄品种。与此同时，以色列还率先开发了葡萄园监测系统，人们可以密切监控葡萄的温度、重量、大小以及化学成分，甚至可以使用手机上的应用程序相应地调整灌溉模式，大大提高了葡萄质量。目前，以色列葡萄酒的酿造过程几乎完全实现了机械化。葡萄的分离、压榨、发酵、贮藏和灌装全部由流水线完成。

犹太葡萄酒

随着以色列公民财富的日益增长，以色列人对于葡萄酒的品位也越来越高，尽管当地的酿酒技术越来越好，优质葡萄酒品种的数量也随之增加，但随着全球化的发展，世界各地优质的葡萄酒也出现在以色列人的视野中，当地的葡萄酒与进口葡萄酒不可避免地展开了激烈的竞争。但在犹太人的世界里，以色列葡萄酒有一个潜在的优势，那就是这些葡萄酒是符合犹太饮食律法的，也被称为“Kosher wine”。以色列葡萄酒要被认证为符合犹太饮食律法，必须满足以下几个要求：第一，在田地里，新生葡萄藤的葡萄直到种植后的第四年才能用来酿酒，从那时起，田地每七年就必须休耕一次，且葡萄藤之间不能种植蔬菜或其他水果；第二，一旦开始收获，在酿酒过程中只能使用洁净的工具和储存设施，所有的酿酒设备必须清洁，以确保设备或大桶中没有异物残留；第三，只有遵守安息日的男性犹太人才被允许从事葡萄的采摘、捣烂、装瓶等工作。虽然犹太人每餐仅喝少量的葡萄酒，但实际上葡萄酒对犹太人来说是十分重要的。像在安息日期间，葡萄酒是必不可少的一部分。在大多数犹太传统节日里，饮酒也是一项要求，例如，每个人在逾越节家宴上都要喝四杯酒。

葡萄酒　李永强 摄

酒庄推荐

为吸引客户，以色列各酒庄纷纷推出葡萄酒庄参观项目。参观路线一般从酒庄的大厅开始，一直到酒窖，游客可以看到葡萄酒在橡木桶中陈酿的景象，并且可以品尝。部分酒庄还会利用多媒体展示自家酒庄的历史和酿酒过程，每组参观者都有导游带领，这样可以随时回答参观者的问题。参观时间一般为上午 8 点至下午 5 点，当然，需要象征性地支付一笔费用。晚上，有的酒庄还会举办一些私人活动和品酒会。

1、戈兰高地酒庄(Golan Heights Winery): 这家酒庄已经有 30 多年的历史了，超过 32 个国家和地区都有分布，获得过几十项国际奖项，是以色列顶级的酒庄之一。该酒庄的葡萄酒主要分为三大系列：“亚登（Yarden）”“格姆拉（Gamla）”和“戈兰（Golan）”。亚登系列的葡萄酒被认为是这三个系列中质量最好的。

2、卡梅尔酒庄（The Carmel-Mizrachi Winery）：卡梅尔酒厂成立于 1882 年，是以色列历史最悠久、规模较大的酒庄之一，每年生产超过 1500 万瓶葡萄酒。同时，该酒庄也是为数不多通过犹太洁食认证的酒庄。它生产的葡萄酒种类繁多，几乎每一个品种和每一个价位的葡萄酒都有。

啤酒厂

亚历山大啤酒（Alexander Beers）

亚历山大啤酒（Alexander Beers），位于亚历山大河岸旁，绝对是世界啤酒舞台中的超级巨星，该公司酿造的啤酒屡获殊荣。在 2017 年欧洲啤酒之星的竞赛中，该公司出品的金啤（Blonde beer）和黑啤（Black beer）一举摘获两枚金牌。酒厂内所有产品均为手工酿造，像牛奶和蜂蜜啤酒（the Beer of Milk & Honey），是用乳糖、蜂蜜、红糖和橙子酿造，入口酸苦，回味甜，非常适合搭配点心一起食用。在以色列，无论是大的餐厅还是小的酒吧，你都可以看到它的身影。

跳舞骆驼酿造公司（The Dancing Camel Brewing Company）

跳舞骆驼酿造公司成立于 2005 年，是以色列第一家供应精酿啤酒的公司。跳舞骆驼酿造公司出厂的啤酒种类超过 10 种，如樱桃香草黑啤酒（Cherry Vanilla Stout）和美国淡啤酒（American Pale Ale）。该公司还在酒厂旁边开设了一个酒吧，坐落在一个巨大的翻新仓库中。在这里你不仅可以喝到新鲜的精酿啤酒，还可以品尝到当地的美食。

赫茨尔啤酒工厂（Herzl Beer Factory）

赫茨尔啤酒工厂是以色列唯一一家在耶路撒冷获得授权的啤酒厂。酒厂的创始人为了保障啤酒的质量，只选用高品质原料进行加工和生产。2016 年，这家啤酒工厂因研制出类似《圣经》时期的酿酒配方而登上多家以色列新闻网站头条，一度成为以色列啤酒业关注的焦点。

杰姆的啤酒工厂（Jem's Beer Factory）

杰姆的啤酒工厂是以色列第一家符合犹太饮食律法的啤酒厂。杰姆的啤酒工厂的啤酒种类共有 5 种，包括烈性黑啤酒（stout）、皮尔森啤酒（pils）、深色拉格（dark lager）、琥珀啤（amber ale），以及 8.8。其中，8.8 指的是啤酒的酒精含量为 8.8%。2009 年，该工厂还开设了一家犹太啤酒酒吧，酒吧内除售卖啤酒外，还提供一些餐食，如炭烧犹太香肠（charcoal-grilled kosher sausages）。

天宝啤酒厂（Tempo Beer Industries）

天宝啤酒厂是以色列最大的啤酒制造商，总部位于以色列内坦亚（Netanya），在啤酒和麦芽饮料市场上约占有 55% 的份额。此外，天宝啤酒厂的所有产品均获得 kosher 认证，像以色列最受欢迎且最著名的金星啤酒（Goldstar），便是由该公司生产的。金星啤酒占据了以色列啤酒市场的 33%，酒精含量 4.9%，几乎在以色列的任何一家酒吧或餐馆都能买到，价格适中。

八

饮食“战”

随着社会经济的快速发展，饮食文化正在发生变迁。一方面，食物成为人们享受生活的一种方式，面对各式各样的产品，新生代消费群体不仅追求产品的真实性，更加关注该产品背后品牌的价值观念。另一方面，饮食产业在各国的国民经济中的地位显著提高，逐渐成为各国国民经济快速增长的重要因素之一。在此背景下，近年来，以色列发生了几起饮食“战”。

一、Ben & Jerry's 冰淇淋宣布“退出”

美国知名冰淇淋公司 Ben & Jerry's 被认为是以色列最优质冰淇淋的代名词，于 2021 年 7 月下旬宣布由于“我们的粉丝和值得信赖的合作伙伴向我们表达了担忧”，与以色列经销商合同明年年底到期后，将不再在约旦河西岸销售其旗下的商品，称这“与我们的价值观不符”。Ben & Jerry's 冰淇淋自 20 世纪 80 年代进入以色列以来，凭借着优质的原材料及多样化的口味迅速占领市场，市场占有率约为 12%~13%。一个在以色列随处可见的冰淇淋为何在此时宣布“退出”？

这主要源于社会舆论的压力。1967 年，以色列从约旦手中夺取了约旦河西岸，后来又吞并了东耶路撒冷，并在该地区建立了犹太人定居点。国际社会中大多数人认为此举违反了国际法。随着2021年5月巴以双方冲突进一步升级并造成大量人员伤亡，反对以色列在有争议地区建立犹太人定居点的声音越来越多，大量互联网用户开始在Ben & Jerry's公司的社交平台下批评其在以色列开展业务活动的行为，并呼吁该公司尽快退出该国。这一事件严重影响了Ben & Jerry's的正常商业运转。面对巴勒斯坦人施加的压力，Ben & Jerry's公司于7月19日发表声明，Ben & Jerry's公司与当地经销商合同明年年底到期后，将不再在约旦河西岸销售其旗下产品。

对此，在以色列的Ben & Jerry's经销商表示拒绝接受这家美国公司停止在以色列定居点分销其产品的要求，并发推文谴责道："冰淇淋的商业销售中不存在歧视。对我来说，确保所有顾客——无论其身份如何——都能自由享用Ben & Jerry's冰淇淋一直很重要。"与此同时，这一决定也激怒了以色列政界人士。以色列阿耶莱特·沙凯德（Ayelet Shaked）在推特上对Ben & Jerry's公司的决定表示不满："你的冰淇淋不符合我们的口味""没有你我们也能活下去"。以色列总统艾萨克·赫尔佐格（Isaac Herzog）表示，这一决定是"一种新型的恐怖主义"。本雅明·内塔尼亚胡（Benjamin Netanyahu）也加入了这场争论中，他在推特上表示，将来会抛弃Ben & Jerry's冰淇淋。随后，全球各地的犹太洁食管理局纷纷将Ben & Jerry's冰淇淋从洁食产品清单中删除。

以色列政府也开展了一系列的维权措施。以色列总理办公室在一份声明中说，总理纳夫塔利·贝内特（Naftali Bennett）已与Ben & Jerry's公司的母公司联合利华首席执行官艾伦·乔普（Alan Jope）通过电话交谈。声明中写道："贝内特总理明确表示，他极其严肃地看待Ben & Jerry's公司的决定。"并补充说，该决定是"一个明显反对以色列的表现"。贝内特告诉乔普，此举"具有严重的后果，包括法律"，并警告说，以色列将"采取强有力的行动，反对任何针对其公民的抵制"。以色列驻美国和联合国大使吉拉德·埃尔丹（Gilad Erdan）于7月20日致函美国35个州的州长，要求他们对Ben & Jerry's公司采取"迅速而坚决"的行动，以此应对"这种歧视和反犹太主义行为"。

吉拉德 · 埃尔丹在接受爱可信（Axios）采访时表示，“反犹主义的部分定义就是，要求以色列做对其他国家所没有要求的事情”“因此，我将继续采取行动，使尽可能多的国家将 Ben & Jerry's 公司及其母公司联合利华列入黑名单，直到这种卑鄙的抵制结束”。

二、鹰嘴豆泥大战

2008 年 5 月，在以色列食品公司特扎巴尔（Tzabar）赞助下，一群厨师在耶路撒冷制作了一份重达 882 磅的鹰嘴豆泥，被吉尼斯世界纪录认定为世界上最大的鹰嘴豆泥。这一事件使一群黎巴嫩厨师感到不安，在黎巴嫩旅游部长法迪 · 阿布德(Fadi Abboud) 的带领下，他们在一年后制作出一份重达 4532 磅的鹰嘴豆泥。当时，阿布德还是黎巴嫩工业家协会的主席。“我们一群人刚从法国的一个食品展回来。有人告诉我们，鹰嘴豆泥是以色列的传统菜肴。”他说道，“我的意思是，现在全世界都认为是以色列发明了鹰嘴豆泥。”阿布德表示不会允许这种事发生的，并说道：“我认为告诉全世界鹰嘴豆泥是黎巴嫩的最好方式就是打破吉尼斯世界纪录。”在吉尼斯颁奖典礼上，当黎巴嫩因其史诗般的鹰嘴豆泥而获奖时，阿布德宣布：“我们希望全世界都知道鹰嘴豆泥和塔布雷沙拉（tabouli）是黎巴嫩的，通过打破吉尼斯世界纪录，世界应该了解我们的美食，我们的文化。”此后不久，以色列阿拉伯村庄制作出一盘重量超过 8992.5 磅的鹰嘴豆泥的新闻广泛流传。几个月后，在 300 多名厨师的努力下，黎巴嫩又制作出一份重约 23042 磅的鹰嘴豆泥，重新夺回了吉尼斯世界纪录的宝座。与此同时，黎巴嫩试图在欧盟注册“鹰嘴豆泥”一词，以保护原产地名称，就像法国注册香槟、意大利注册帕马干酪（Parmigiano Reggiano）、希腊注册菲达奶酪（feta cheese）一样。阿布德要求欧盟禁止黎巴嫩以外的任何国家称他们的产品为鹰嘴豆泥。黎巴嫩工业家协会称这场运动为“别碰我们的盘子”。但最终，欧盟不允许黎巴嫩将鹰嘴豆泥登记为自己的，认为它是整个地区的食物。

除黎巴嫩外，以色列、埃及和约旦等中东国家都曾宣称是鹰嘴豆泥的起源地，但至今没有确凿的证据证明它的起源。虽然还不清楚鹰嘴豆泥第一次出现是什么时候，但是把鹰嘴豆捣成泥一直是一种常见的烹饪方法。如 13 世纪的一份食谱记载，“取鹰嘴豆，煮熟后捣碎。然后拿醋、油、芝麻酱、胡椒、薄荷、欧芹、干百里香、核桃、榛子、杏仁、开心果、锡兰肉桂、盐、盐柠檬和橄榄等。搅拌它，把它擀平，放一晚上，然后拿起来”。

实际上，鹰嘴豆泥大战不仅仅是食物的战争，更是各国在经济领域的竞争。自 21 世纪以来，消费者对蘸料、调味汁和酱料等调味品的需求大大提高，鹰嘴豆泥就是其中之一。据《财富商业洞察》(Fortune Business Insights）报道，2020 年全球鹰嘴豆泥的市场规模约为 26.2 亿美元，预计将从 2021 年的 29.5 亿美元增长到 2028 年的 66.0 亿美元。尤其是 2020 年疫情期间，与 2017—2019 年的平均同比增长率相比，增长 13.06%。消费者对鹰嘴豆泥的喜爱，一方面得益于消费者的健康意识日益增强。根据专家鉴定，鹰嘴豆中富含不饱和脂肪酸、抗氧化物、维生素、纤维素、矿物质等成分，有助于预防心血管疾病、降低胆固醇、辅助控制体重、改善贫血、降低患癌风险等。另一方面，不同口味及形态的鹰嘴豆泥进一步推动了市场增长，如经典鹰嘴豆泥、扁豆鹰嘴豆泥、Edamam 鹰嘴豆泥、大蒜鹰嘴豆泥、黑色鹰嘴豆泥、白豆鹰嘴豆泥等。

参考文献

[1] 张倩红：《以色列史》，人民出版社，2014。

[2] 张倩红：《当代以色列：多元表达与社会张力》，社会科学文献出版社，2022年。

[3] 徐新、凌继尧：《犹太百科全书》，上海人民出版社，1993年。

[4] 刘珩：《迈克尔·赫茨菲尔德：学术传记》，生活·读书·新知三联书店，2020年。

[5] 傅有德：《犹太研究：第5辑》，山东大学出版社，2007年。

[6] 傅有德：《犹太研究：第13辑》，山东大学出版社，2015年。

[7] [美]大贯惠美子：《作为自我的稻米：日本人穿越时间的身份认同》，浙江大学出版社，2005年。

[8] 张沐阳：《人类学视野下的食物与身份认同》，《华东理工大学学报(社会科学版)》2019年第5期。

[9] 刘强：《传统犹太教的饮食律法及其与现代性的张力解析》，山东大学硕士学位论文，2013年。

[10] Anat Helman, *Jews and their foodways*, Oxford: Oxford University Press, 2015.

[11] Laurie Selwyn, “Food Cultures of Israel: Recipes, Customs, and Issues,” *Library Journal*, 2021.

[12] David Charles Kraemer, *Jewish eating and identity throughout the ages*, London: Routledge, 2007.
[13] Ronald Ranta, "Re-Arabizing Israeli Food Culture," *Food, Culture & Society*, vol. 18, no. 4, 2015.
[14] Kelsey Gross, "Israel:Vegan Capital of the World," *Kedma: Penn's Journal on Jewish Thought, Jewish Culture, and Israel*, vol. 2, no. 4, 2015.
[15] 中华人民共和国外交部：https://www.mfa.gov.cn/web/gjhdq_676201/gj_676203/yz_676205/1206_677196/1206x0_677198/.
[16] 光明网：https://m.gmw.cn/baijia/2022-06/10/1302990480.html.

附录 1

中以交往一枝春

2022 年 1 月 24 日是中国和以色列建立大使级外交关系的 30 周年纪念日。在过去的 30 年，中以关系已经发生了翻天覆地的变化，两国交往经历了前所未有的发展阶段。不仅如此，早在 2017 年，中以就正式为两国关系定位，确立了“创新全面伙伴关系”，以创新为抓手，推进两国关系稳步向前发展。沉浸在喜悦之中的我，思绪禁不住回到建交之前的 1988 年。

那年的 6 月 22 日，当美联航从芝加哥直飞以色列的航班在本－古里安机场降落时，我即刻意识到自己的一个梦想成真了。与此同时，自己也在不经意间创造了一项无人可以打破的中以交往史记录：成为中国与以色列正式建立大使级外交关系之前第一位应邀访问以色列并即将在希伯来大学公开发表学术演讲的中国学者。当时的激动心情至今难忘，尽管在那以后我又先后十余次造访以色列，每次访问都有不小的收获，但 1988 年的访问毕竟是我第一次踏上以色列国土，第一次来到中东地区，第一次走到了亚洲的最西端，第一次如此近距离贴近以色列社会。

为什么得以在彼时造访以色列？如何在中以没有任何正式外交关系的情况下获得访问以色列的签证？我眼中看到的以色列是一个什么样子？此行对我的学术生涯会造成什么样的影响？

坦率地讲，希望有机会访问以色列的想法与我此前两年在美国的经历有着密切的关联。

我第一次走出国门是 1986 年夏，那是我在南京大学工作的第 10 个年头。与彼时绝大多数出国人员不同的是，我去美国并不是留学，而是到美国的大学（芝加哥州立大学）执教。在机场，我受到芝加哥州立大学英文系主任弗兰德教授（Professor James Friend）的亲自迎接。在驱车进城的路上，他热情地告诉我他和他的夫人决定邀请我住到他的家中，希望我能够接受他们的这一邀请。这当然是一件喜出望外的事，尽管我在之前与他的通信中（当时由于尚未有互联网，人们之间的联系主要依靠书信。而一封信件的来回大约需要一个月到一个半月）提及希望他能够帮助我在学校附近租一个房子，因为芝加哥州立大学在决定聘用我的信中明确表示学校不提供住处，必须自行解决住房问题。

弗兰德教授是犹太人，1985 年秋，根据南大 - 芝州大友好学校交流协议曾来南大英文系任教。当时我是南大英文专业的副主任，除了行政方面的工作，还负责分管在英文专业任教外国专家的工作，因此与弗兰德教授有较为密切的接触，结下了深厚的友谊。实际上，我收到去芝州大教书的邀请就得益于他的推荐。他的夫人也是一位在大学教书的犹太人。他们的两个女儿当时已大学毕业离开了家，家中有空出的房间供我使用。能够住在他家中，显然为我这个初来乍到的人在美国生活开启了一个良好的开端，我没有丝毫犹豫就欣然接受。事实证明，由于是与一位熟悉的人生活在一起，我非常顺利地开始了在一个陌生国度的生活，没有经历绝大多数人都不可避免会在开始阶段感受到的文化冲击（culture shock）。我不用准备任何生活用品和油盐酱醋方面的物品，早晚餐和他们一起用，而且到学校教书，来回都搭弗兰德教授的便车（当然我当时尚不会驾车）。更为重要的是，生活在弗兰德的家中，不仅让我感受到家的温馨，认识和熟悉了他们的所有亲朋好友，而且与当地犹太社区有了广泛的接触。现在回忆起来，和他们生活在一起，简直就是以前所未有的方式“沉浸”在犹太式的生活之中，为我提供了一个了解犹太人和体验犹太式生活不可多得的绝佳机会。

在与犹太人交往的过程中，我对以色列这个世界上唯一的犹太国家开始有了新的认识：以色列不再只是依附于世界头号强国、不断引发周边冲突的暴力形象，而是一个为所有国民提供归属感的崭新国家。在那里，犹太民族成为主权民族，其传统不仅得到了很好的传承，而且不断发扬光大。我逐渐了解到古老的希伯来语早已在那里得到复活，成为以色列社会的日常用语，使用现代希伯来文进行文学创作的阿格农早在1966年便获得诺贝尔文学奖；基布兹作为以色列实行按需分配原则的农业形态一直生机勃勃，吸引了世界的目光。更重要的是，以色列被视为是世界上所有犹太人的共同家园。

新的认识使得我有了希望能够去看一看的想法。或许是那两年与众多犹太人有过频繁交往，或许是我在犹太社区做过一系列讲座的缘故，熟识的犹太朋友主动为实现我的这一愿望牵线搭桥——终于，在我决定回国履职之际，我收到以色列著名高等学府希伯来大学和以外交部的共同邀请，邀我对以色列进行学术访问。邀请方对我提出的唯一要求是希望我能够在希伯来大学做一场学术演讲，题目由本人决定。

根据安排，我有十天的访问时间。到达以色列时，我荣幸地受到以色列外交部的礼遇。中以建交后担任以色列驻华大使馆政治参赞的鲁思（Ruth）到机场接机，并陪同前往耶路撒冷的下榻饭店。具体负责我在以访问活动的是希伯来大学杜鲁门研究院院长希罗尼教授（Professor Ben-Ami Shillony）。次日上午，希罗尼教授如约来到饭店，与我见面。寒暄后，他递上了一份准备好的详细访问日程，并表示我有什么要求可以随时提出。

访问从驱车前往希伯来大学开始。在那里，我们除了参观了解希伯来大学，还重点参观了解了杜鲁门研究院，并参加了当日下午在杜鲁门研究院举行的研究院新翼图书馆落成揭幕式。由于新翼图书馆是美国人捐款建设起来的，美国驻以色列大使一行专程前来参加揭幕式。主宾的衣着令我印象深刻：以方的出席人员个个着西装领带，而美方人士则个个着休闲便装。而我事先了解到的以色列着装习俗应该是这样的：以色列人以随意著称，很少着西装打领带。可今天，出于对嘉宾的尊重，以方人员个个着西装打领带出席；而通常以正装出席揭幕式这类正式活动的美国人，为了表示对以色列人的尊重，特意着便装出席。彼此都为对方着想，表明两国不同寻常的亲密关系。

在接下来的参访中，几乎每一项活动都令我思绪万千，对我日后的学术研究产生重要影响。譬如，在参观了大屠杀纪念馆后，我在接受《耶路撒冷邮报》的采访时，说了这样的话：现在我终于明白犹太人为什么一定要复国。《耶路撒冷邮报》第二天报道了这一采访。对反犹主义的研究从此成为我学术研究的一个主攻方向。我不仅出版了《反犹主义解析》和《反犹主义：历史与现状》等专著，发表若干论文，而且在国内大力推动“纳粹屠犹教育”，并作为中国代表出席联合国教科文组织在巴黎召开的“纳粹屠犹教育”国际会议。

在参观了“大流散博物馆”后，我对犹太人长达1800年的流散生活有了更直观的了解，感叹犹太传统在保持犹太民族散而不亡一事上发挥的作用。而博物馆中陈列的“开封犹太会堂”模型和专门为我打印的开封犹太人情况介绍促使我在回国后专程去开封调研，并把犹太人在华散居作为自己的另一个研究方向，其成果是两部英文著作和数十篇相关论文。

穿行在耶路撒冷的老城，我体验到了什么是传统和神圣；行走在特拉维夫，我感受到以色列现代生活的美妙和多姿多彩；在北部加利利地区的考察，令我切切实实地感受到以色列历史的厚重；而在南部内盖夫地区的参观，让我真真切切体验到旷野的粗犷；在马萨达的凭吊，令我感受到什么是悲壮；而在海法的游览，则使我体验到什么是赏心悦目；在基布兹的访问，令我这个曾经在农村人民公社劳动和生活过的人感慨万千——犹太人在农业上的创新做法和务实态度令我不停地发出种种追问，我被基布兹的独特性深深吸引，好奇心使我提出再参观一个基布兹的要求，并得到了满足。

由于我在南京大学最初的10年主要是从事美国犹太文学的研究，在访问期间，我提出希望能够会见以色列文学方面人士的要求，于是我便拜访了以色列文化部，并结识了文化部下属以色列希伯来文学翻译学院负责人科亨女士（Nilli Cohen）。科亨女士是学院负责在全球推广希伯来文学翻译的协调人，我与她建立了工作关系，并一直保持通讯联系。此外，我们还有幸拜会和结识了特拉维夫大学希伯来文学资深教授戈夫林（Nurit Govrin），在向她请教若干关涉现代希伯来文学的问题后，还请她推荐了一些作家和作品。由此，本人对现代希伯来文学的兴趣大增，在随后不到10年的时间内，经本人介绍给国内出版界的以色列当代作家多达50余位。1994年，我因译介现代希伯来文学再度受邀出访以色列。在出席以色列举办的“第一届现代希伯来文学翻译国际会议”之际，以色列作家协会为出席会议的中国学者专门举行了欢迎酒会，使我终于有了一个与绝大多数译介过的作家见面的机会。

我必须承认，在初次以色列之行中最触动我心灵的经历是与以色列一系列汉学家的见面交流。老实说，会见以色列汉学家并非出于本人要求，而是以色列接待方的精心安排，因为当时的我压根就不知道，也没有想到，以色列会有汉学家。以色列接待方根据我的身份——一个对犹太文化感兴趣的中国学者，认为安排我会见以色列的汉学家是一项有意义的活动。根据安排，我在特拉维夫大学会见了谢艾伦教授（Professor Aron Shai），他是一位史学家，专攻中国近现代史。我专门旁听了他的中国史课，并与学生进行了简单的交流。谢艾伦后来出任特拉维夫大学的教务长（相当于常务副校长）一职，不仅到南京大学访问过，还热情接待过由我陪同访问的南京大学校长代表团。我在特拉维夫大学会见的还有欧永福教授（Professor Yoav Ariel），他是研究中国古典文化的学者，将中国经典《道德经》译成希伯来文。在希伯来大学，我结识的汉学家有研究中国政治和外交的希侯教授（Professor Yitzhak Shichor），研究中国文化的伊爱莲教授（Professor Irene Eber）。此后我与伊爱莲教授多次在国际场合见面交流，友谊长存（伊爱莲教授于2019年与世长辞）。后来（1993年），在拜会以色列前总理沙米尔时，沙米尔在了解到我当时正在学习希伯来语后，告诉我以色列政府在50年代初就安排了一位名叫苏赋特（Zev Sufott）的以色列青年学习中文。尽管在随后的30年他一直学非所用，但是当1992年中以终于建交后，苏赋特出任以色列第一位驻华特命全权大使。

这一系列的会见使我惊叹不已。以色列这么一个小国（当时的人口尚不足500万），竟然有多位专门研究中国历史、文学、社会、政治、外交等方面的专家教授，其中有的还享有国际声誉。而就我所知，当时偌大的中国（人口是以色列的近240倍），却鲜有专事研究犹太文化者，中国高校亦无人从事犹太文学的教学！这一反差对我的冲击实在是太大了。作为一个在美国有两年时间“沉浸”在犹太文化中的人，出于一种使命感，我在以色列就发誓回去后一定投入对包括以色列在内的犹太文化研究。

回国后，我义无反顾投身于犹太学研究，确立了自己新的研究方向、开启一个全新治学领域，同时在南京大学创办了犹太和以色列研究所，组织编撰了中文版《犹太百科全书》，率先向国内学界介绍引入现代希伯来文学，建起了一座英文书籍超过三万册的犹太文化图书特藏馆，召开了包括“纳粹屠犹和南京大屠杀国际研讨会”与“犹太人在华散居国际研讨会”在内的大型国际会议，培养了30多名以犹太学为研究方向的硕士生和博士生……进而勾勒出了中国犹太/以色列研究的概貌。

回望过往，发生的一切显然过于神奇，只能用“奇迹”来描述。

而这一切源于1988年以色列的处女之旅。从此，以色列对于我而言，是一个令奇迹发生的国度。

徐新

2022年岁首

附录 2

南京大学黛安 / 杰尔福特 · 格来泽犹太和以色列研究所简介

1992 年，借中国和以色列国正式建立大使级外交关系之东风，南京大学批准成立一专事犹太文化研究兼顾教学的学术研究机构——南京大学犹太文化研究所。不过，在这之前，南京大学就已经开始对犹太文化进行研究，主要由南京大学学者牵头的学术团体“中国犹太文化研究会”(China Judaic Studies Association)于 1989 年 4 月宣告成立，并卓有成效地开展工作。随着犹太文化研究的深入，搭建一个平台（即建立研究所）显得十分重要，而这样的研究机构的出现在中国高等教育系统尚属首次。研究所正式成立的时间为 1992 年 5 月，最初名为“南京大学犹太文化研究中心”，2001 年更名为“南京大学犹太文化研究所”。2006 年，为感谢有关基金会和个人的支持，特别是设在美国洛杉矶的黛安 / 杰尔福特 · 格来泽基金会的慷慨支持，研究所于是改名为“黛安 / 杰尔福特 · 格来泽犹太和以色列研究所”，该名称沿用至今。

研究所建立之初确立的宗旨是：更好地增进中犹双方的友谊，满足中国学术界日益增长的对犹太民族和文化了解的需求，推动犹太文化的研究和教学在国内特别是在高校系统的进一步开展，培养这一学术领域的专门人才，以此服务于中国当时方兴未艾的改革开放事业，推动中国与世界的进一步融合。“不了解犹太，就不了解世界”是研究所当时提出的口号，该口号简洁明了地表明这一研究机构成立的动因。

研究所在其30年的历史中成绩斐然，包括：

● 组织撰写并出版首部中文版《犹太百科全书》（上海人民出版社，1993年），该书成为中国最具权威和广泛使用的一本关涉犹太文化的大型工具书（200余万字，1995年获“全国最佳工具书奖”）；撰写并出版包括《犹太文化史》（北京大学出版社，2006年）、《反犹主义：历史与现状》（人民出版社，2015年）在内的著作10余部；组织翻译并出版犹太文化方面的著作20余种；编辑出版“南京大学犹太文化研究所文丛”一套；同时发表各类论文超过100篇。

● 在南京大学逐步开设一系列犹太文化方面的课程，不仅有专门为本科生开设的课程，更多的是为研究生开设的课程。

● 招收和指导犹太历史、文化和犹太教研究方向的硕士研究生和博士研究生。已有30多名研究生在研究所学习，从本研究所获得博士学位的研究生超过15人，大多数学生毕业后在中国各大学执教，讲授犹太历史文化方面的课程。

● 组织举办大型国际学术研讨会，促进中外学者之间的交流和研讨，包括1996年在南京大学召开的“第一届犹太文化国际研讨会”、2002年召开的“犹太人在华散居国际会议”、2004年召开的“犹太教与社会国际研讨会”、2005年召开的“纳粹屠犹和南京大屠杀国际研讨会”，以及2011年召开的“一神思想及后现代思潮研究国际研讨会”。

● 举办犹太历史文化暑期培训班3期，聘请国际犹太学学者授课，受训的中国各高校和研究机构的教师、研究人员和研究生达100人，有力促进了犹太文化教学和研究在国内高校的开展。

● 开展国际合作，先后举办各种类型的犹太文化展近10次，内容涉及犹太历史、犹太文化、以色列社会、美国犹太社团、犹太学研究、纳粹屠犹、犹太名人等，促进了中国社会对犹太历史文化的了解，增进了中犹人民间的友谊。

● 邀请超过 50 位国际著名犹太学者来华、来校进行交流、讲学，演讲场次超 100 场。

● 大力开展对犹太人在华散居史的专门研究，特别是对中国开封犹太人的研究。已发表专著 2 部（英文、美国出版）、论文数十篇，在国际学术界能够代表中国学者在这一研究领域的水平。

● 建立起中国迄今为止规模最大的犹太文化专门图书馆，仅英文藏书就已超过 3 万册，涉及犹太文化研究的方方面面。

● 与若干国际学术机构建立联系或互访，包括美国哈佛大学犹太研究中心、耶希瓦大学、希伯来联合学院、宾夕法尼亚大学、加州大学、布朗大学、以色列希伯来大学、特拉维夫大学、巴尔伊兰大学、本－古里安大学、英国伦敦犹太文化教育中心等。

● 积极筹措资金，为犹太文化研究和教学的开展提供经费支持。除了众多个人捐助，还有许多给予研究所各种研究和教学资助的国际基金会，包括：黛安 / 杰尔福特 · 格来泽基金会、斯格堡基金会、罗斯柴尔德家庭基金会、布劳夫曼基金会、列陶基金会、犹太文化纪念基金会、博曼基金会、卡明斯基金会、散居领袖基金会等。10 余年运作下来，本研究所的规模不断扩大，收益稳定，每年的收益已经能够确保每年发放奖学金数十份、奖励犹太文化研究领域的师生多名，并为各类学术活动提供经费支持。

需要特别指出的是，积极参加国际学术活动和开展国际学术交流会是南京大学犹太文化研究所学术活动的重要特点。在将国际犹太学者“请进来”的同时，研究所的教师也已大步地“走出去”。研究所的研究人员多次外出访问，特别是美国、以色列、德国、英国、加拿大等国，或在国际会议中宣读论文、交流学术，或担任客座教授讲学授课。据不完全统计，本所研究人员在若干国家发表过的学术演讲已达 700 余场次。此外，研究所每年都会选派研究生前往以色列有关大学进修或从事专题研究。通过这类学术活动，研究所与世界范围内的犹太学术界、犹太人机构及犹太社区建立了广泛而密切的联系，在扩大影响的同时，又推动了研究所各项工作的开展。

南京大学犹太文化研究所因其在犹太和以色列研究领域中取得的成就，已成为中国高校中最早对犹太文化进行系统研究并取得丰硕成果，同时又具有较高国际知名度的一所文科研究机构。

附录 3

根据食物划分，以色列现有营养模式的调查报告

水果和蔬菜：水果和蔬菜是三餐中不可缺少的一部分。目前，年轻人和老年人常以果汁的形式摄入水果，这种果汁并不是新鲜水果的理想替代品。因为多数果汁都不包含重要的营养物质，如蛋白质、脂肪、矿物质、纤维素、维C以外的其他维生素类，反而含有大量的糖分和热量。需注意的是，水果榨汁不可一次性饮用过多，以免加重胃肠道负担。此外，人们更热衷于食用商业加工的沙拉，如酱汁或蛋黄酱的沙拉，而较少食用新鲜蔬菜。目前，以色列人水果和蔬菜的摄入量低于每天推荐的最低量7~8份。在年轻人中，摄入的水果和蔬菜有6~7份，尽管其中相当一部分人是以果汁的形式摄入的。

果汁不仅对人身健康的贡献较小，也很容易造成肥胖。根据世界卫生组织的定义，果汁被归入“糖”的范畴。游离糖（free sugars）是指由制造商在烹饪过程中或由消费者添加到食品中的所有单糖和双糖，也包括在蜂蜜、糖浆、不加糖的果汁和浓缩果汁中自然出现的糖类。天然存在于牛奶及其制品中的乳糖，以及在食物的细胞结构中发现的糖（主要在水果和蔬菜中）不包括在这个定义中。年轻人的软饮料（包括加糖的饮料、能量饮料和调味水）的平均日消费量为1.3杯。

豆类：在以色列消费最多的豆类是鹰嘴豆，主要用在沙拉和酱料中。煮熟的鹰嘴豆吃得比较少，大多数年轻人喜欢以鹰嘴豆泥沙拉的形式食用。其他豆类的摄入量并不高，尽管它们的价格相对较低，而且是蛋白质、维生素和优质纤维的主要来源。

橄榄油：近年来，橄榄油的消费量有所增加，豆油的摄入量有所减少。橄榄油在烹饪中也常被用作添加剂，但很难估计其用量。但随着人们认识到橄榄油对健康的益处，它的消费量也在上升。

谷物：包括全谷物面包、全谷物面条和全谷物早餐麦片。过去十年间，随着人们对这些食物重要性认识的提高，全谷物产品，特别是面包的销量明显增加。还有许多产品，如蛋糕、饼干和早餐谷物，都是由全谷物制成的（但它们大多都含有大量的盐、脂肪和糖）。谷物的平均消费量为每天 5~10 份，青少年和社会经济地位较低的人群的消费量最高。

肉、家禽和鱼：在以色列，人们摄取最多的动物源食品是鸡肉，其次是火鸡肉。以色列人每天平均食用 72 克鸡肉。除金枪鱼罐头外，鱼类的平均摄入量非常低，主要是在青年、儿童和老年人中，尽管研究表明食用鱼类对健康有益。此外，虽然近年来各种牛肉的消费量有所增加，但以色列人平均牛肉消费量依旧不多。

牛奶及其制品和代替品：成年人和老年人每天食用 1.5 份的乳制品，青少年的摄入量更高，约为每天 3.1 份，其中甜牛奶饮料占相当大的一部分。近年来，豆制品的消费量有所增加，以大豆为基础的产品和饮料常作为乳制品的替代品。

超加工食品：初步估计发现，消费者食用的食物中约有 15% 被定义为超加工食品。甜饮料、糖果、早餐麦片、零食、蘸料和酱汁都是人们经常食用的超加工食品。很多儿童甚至在一岁前就开始接触含糖饮料、甜点和含盐零食。食用这些食物会导致钠和糖的摄入量高于建议水平。

以色列卫生部关于饮食的建议

2019 年，以色列卫生部与营养和公共卫生领域的专业人士一起为居民制定了合理的饮食建议，包括健康饮食的实用原则、每天和每周应食用的食物，以及饮食模式，如购买方法和饮食方式等。

1. 健康饮食的实用规则

1.1 天然食品

喝自来水而不是软饮料和果汁，吃水果而不是零食，尽量自己在家准备食物，如汤、沙拉、谷物、豆类或蒸蔬菜。

1.2 食物组合

当食物以不同的组合方式食用时，可以提供最佳的营养。一个很好的例子是谷物和豆类的结合，可以获得更充足的蛋白质，例如大米和豆类、鹰嘴豆和小麦、碾碎的干小麦和扁豆等。

1.3 少量食用动物性食品

动物性食品，是动物来源的食物，如鱼、肉、蛋和奶制品，有助于提高植物源食物的营养价值，因此在一些膳食中加入少量动物源食物是可取的。

1.4 香料的使用

建议使用草药和不包含盐的纯（混合）香料代替盐、汤粉和香料粉。推荐的香料包括：欧芹、莳萝、香菜、罗勒、马郁兰、百里香，以及大蒜和洋葱等蔬菜调味料。可以使用不添加盐或其他物质的纯干香料，如不加盐的香料混合物、胡椒粉、辣椒粉、甜辣椒粉、碎香菜、姜黄、小豆蔻、肉桂、丁香等。

1.5 减少糖和盐的使用

逐渐习惯食物和饮品的自然味道，减少盐、糖及替代品的使用是十分重要且值得的，当然也可以使用上面所描述的草药和香料。

2. 推荐的菜单

2.1 每天都应该吃的食物

谷物：为身体提供能量、蛋白质、矿物质、维生素、抗氧化剂和纤维的全谷物。全谷物没有去皮，包括外皮、胚乳和胚芽。最好吃那些尽可能少加工和没有添加糖的全谷物，例如全麦、糙米、全麦面食、斯佩尔特小麦、碾碎的干小麦、荞麦等。

蔬菜：建议多吃蔬菜，每天至少吃 5 份蔬菜（至少一份新鲜蔬菜）。你应该选择不同颜色及类型的蔬菜，从而给身体提供保护健康的抗氧化元素。你也可以在两餐之间吃，将它们作为“零食或点心”，而不仅仅是在吃饭时吃。

新鲜水果：建议每天吃 2~3 份，作为甜点或在两餐之间食用。

豆类：建议在菜肴中食用不同的豆类，或作为肉类菜肴的替代品，与谷物一起食用。豆类含有丰富的蛋白质、铁、B 族维生素以及大量的膳食纤维，其中一些还含有钙质，如白豆。豆类的脂肪含量很低，如小扁豆、黄豆、鹰嘴豆、蚕豆、豌豆、豇豆、大豆等等。它们可以作为热菜食用，也可以添加到沙拉中，也可以作为豆类面粉食用。

牛奶及相关产品和替代品（无添加剂的牛奶、奶酪和豆制品）：建议根据年龄适量食用低脂乳制品，最好是酸奶或低脂奶酪。食用这些产品有助于骨骼健康。

动植物油：由于橄榄油的高营养质量，它应该是饮食中油脂的主要来源。它既可用于烹饪，也可用于调味。橄榄油的替代品可以是牛油果、菜籽油和芝麻酱。

坚果和瓜子（seeds）：杏仁、花生、葵花籽、南瓜子、芝麻等未经烘烤和无盐的食物，是健康脂肪、蛋白质、维生素、矿物质和膳食纤维的主要来源。每天可以将一把坚果作为健康的零食，而且研究表明该食品可降低患心脏病的风险。因为这些食物所含的卡路里不是微不足道的，所以应该适量食用。

香料、草药、洋葱和大蒜：建议使用香料，不仅有助于提升食物的香味，而且有助于减少盐的摄入。

饮品：全天喝 1.5~2 升水是十分重要的（每天 8~10 杯，水里可以添加茶、薄荷、柠檬等），以达到适当补充身体水分的目的。

2.2 建议一周内适量食用的食物

鱼类：建议每周至少食用一次鱼类，主要指新鲜和冷冻的鱼，而不是用盐腌制的或熏制的鱼。

鸡肉或火鸡肉：每周可食用 2~3 份。

红肉或牛肉：建议少吃红肉或牛肉，每周不超过 300 克。

鸡蛋：在适度的情况下，注意日常食谱中的鸡蛋来源，如馅饼和糕点，每天最多摄入一个鸡蛋。

2.3 应尽可能少吃的食物

2.3.1 超加工食品（ultra-processed foods）

超加工肉制品：最好避免食用各种形式的超加工肉，如腊肠、香肠、各种熏肉等。

甜品和零食：糖果、蛋糕、饼干、果汁、冰淇淋、软饮料和加糖饮料、零食等。

2.3.2 酒精

研究表明，一方面，每天摄入少量的酒是有好处的；但另一方面，也有大量的例子证明酒精对人身健康造成极大的损害，如对身体器官的损害、醉酒导致事故或中毒以及酒后暴力倾向或自残行为等。

2016 年，全球有 280 万例死亡病例归因于饮酒。今天，酒精是 15~49 岁年龄组死亡和人身功能损害的主要危险因素。在 15~49 岁年龄组中，饮酒导致死亡的原因包括肝硬化、道路交通事故和自残等。在 50 岁以上的人群中，因饮酒而死于癌症的人数显著上升。为此，应尽可能地减少饮酒。值得注意的是，经过酒精提炼的饮料，如威士忌、朗姆酒、伏特加被认为是超加工的。

孕妇或计划怀孕的人、儿童和青年是特别应该注意远离酒的人群。此外，研究还表明女性常饮酒会增加患乳腺癌的风险。

2.3.3 咖啡和茶

应对含有咖啡因的食品和饮料的摄入量加以控制，特别是儿童、孕妇、对咖啡因敏感的人和患有各种疾病的人。健康人群可以每天喝

3~4 杯咖啡。需要注意的是，以牛奶为基础的咖啡可能含有大量的牛奶和添加糖。

2.3.4 甜味剂 / 代糖

各种糖替代品虽然比糖提供的热量少，但也容易破坏营养平衡和身体对甜味的反应。购买含有甜味剂的产品，如饮料，通常还含有其他添加剂，如防腐剂和人造香料。这些都是超加工食品，应该尽可能减少食用。

2.3.5 能量饮料

这些饮料含有非常丰富的咖啡因，大部分也含有糖，因此不建议饮用。

3. 良好的生活习惯

3.1 体育活动

健康的生活方式的一个重要组成部分包括定期的体育活动。体育活动有助于预防疾病、身心健康、增加能量以及保持健康的体重。遵循地中海饮食习惯并进行日常体育锻炼，对预防心脏病有协同作用。步行、爬楼梯、做家务、骑非电动自行车和其他活动都是简单易行的体育活动。任何体育活动都比完全不活动要好。建议每周至少进行 150 分钟的中等强度体力活动，或 75 分钟的高强度活动。建议儿童每天至少进行一小时的体育活动。

3.2 节制

为了避免肥胖，尤其是在不进行高强度体育活动的情况下，食用少量食物是很重要的。大多数生活在城市且喜欢久坐不动的人通过摄入少量的卡路里来满足基本需求。

3.3 有规律地进餐

强烈建议有规律地吃饭，同时注意食物的质量和数量，也要注意饮食环境。有规律的饮食模式是值得采用的，包括在固定的时间进食、避免在两餐之间进食、慢慢地享受进食、专注于食物、避免在用餐期间进行其他活动。在干净、舒适、无烟和安静的地方用餐也有助于适度和控制饮食。

3.4 食用当地产品和家庭烹饪

食用本地农产品和在家烹饪是健康生活方式的重要组成部分。把烹饪变成一项日常活动，并为之腾出合适的时间和地点（如可以利用看电脑或电视的时间），这是值得的。烹饪是一项放松和愉快的活动，在日常生活中，可以与家人、朋友和亲人一起烹饪。对于缺乏烹饪技能的人来说，可以向身为厨师的家庭成员、朋友和熟人学习，向他们询问食谱，查看烹饪书籍或在互联网上搜索，甚至参加烹饪课程和传统厨房的社区活动。

推荐的烹饪方法：蒸、煮、少许油炒。这些烹饪方法比油炸、烧或烤更可取。

3.5 家庭栽培

建议在家中种植食物，如在窗台、盆栽或花园中种植草药（欧芹、薄荷、罗勒、香菜等），也可以参加社区活动，如在社区花园中种植蔬菜，以促进和保护当地农业发展。

3.6 购买食品

购买地点：提供生食或食品加工程度最低的地方，如农贸市场或直接从政府授权的种植者处购买。值得注意的是，这类产品通常比超加工的同类产品便宜。

购买方法：建议在不饿的时候去购物，并提前准备好购物清单，以避免购买计划之外的食物。

营销信息：对广告的信息及相关营销信息进行谨慎的判断是很重要的。

海关防疫

入境时应遵守以色列海关规定：旅客如果无物件需要申报，可由绿色通道离关抵达大厅；旅客如果携带须申报的物件，即使无须缴税，也要从红色通道过关。

（1）绿色通道

酒精饮品：可携带 1 升烈酒及 2 公斤餐酒。

酒精类香水（例如古龙水）：每人可携带 0.25 升。

烟草制品：年满 17 岁或 17 岁以上的人士可携带 250 克或 250 支香烟。

礼物：各种礼物均可，但不包括酒精饮品、酒精类香水、烟草制品和电视机。礼品价值不得超过 150 美元（价值由海关人员根据货物价值、运费、保险费及海港费而定，即使由数人携带入境，有关货物的价值仍将独立计算），一份超过上述价值的礼物须全面纳税。任何食物的总重量不超过 3 公斤，可免申报入境。而每样仪器不超过 1 公斤。此外，下列物件如属随身携带及必需品，亦可免税入境：打字机、摄像机、电影摄像机（电视摄像机必须申报）、收音机、收录机、望远镜、个人珠宝首饰、音响、婴儿车、露营或运动用具、单车及类似的旅行物品。

（2）红色通道

以下物品必须申报，并且须缴纳课税保证金，保证金将于携带有关物品离境时返还：录影器材、个人电脑、船只、旅行拖车、潜水用具及价值超过 1650 美元的可携带物品。请留意：所有入关物件的价值是按海关部门的官方价格表决定的，而非实际买价。保证金可用银行支票或信用卡（Visa Card / Euro Card）支付。除非事先取得通行证，否则所有的动物、植物、军火均可能不获进口。海关电话（02）6703333。

在以色列购买商品通常征收 15.5% 的增值税，购买超过 100 美元或等值的商品可在购买处开具退税单，在出境时办理退税手续。

退税注意事项：从本 - 古里安机场离境，如购买衣服等商品，可携带事先开具的退税单及护照、当日离境机票前往 3 号航站楼 3 层 Change Place Ltd. 处退取现金，如系电子商品及贵重珠宝，需在安检和护照查验后进入登机大厅退税。

请注意：如入境时携带超过 8 万谢克尔及以上数量等值的现金，需提前向海关申报。

以色列未对入境人员明确要求注射疫苗。

物产物价

以色列货币单位为新以色列谢克尔(New Israel Shekel, 英文缩写: NIS)，简称谢克尔，纸币最大面值 200 谢克尔，最小面值 20 谢克尔，硬币最大面值 10 谢克尔，最小面值 10 分。

1 以色列新谢克尔等于 1.9525 人民币（2023 年 7 月汇率）。以色列物价水平如下: 一杯咖啡的价格为 2.5 到 6 谢克尔不等，一瓶可乐(1.5 升）约 8.6 谢克尔，一斤香蕉 6 到 7 谢克尔不等，一斤草莓 7 到 10 谢克尔不等，一斤梨 8 到 10 谢克尔不等。

以色列有四大银行，分别为以色列工人银行 (Bank Hapoalim)、以色列国民银行 (Bank Leumi)、以色列贴现银行 (Israel Discount Bank)、以色列第一国际银行 (First International Bank of Israel)，在全国各地均有分行。自动提款机也比较普遍，且均有英文操作界面，可凭信用卡或有跨国提款服务银行的储蓄卡在自动提款机取款。以色列自动提款机一般只有 4 位密码，可能不兼容国内银行卡，且提现手续费较高，建议短期旅游可携带美元现金，来以色列后兑换成谢克尔使用。在以色列使用信用卡较为方便，从咖啡馆到大型商店、超市、酒店，均有 POS 机可供刷卡。

在正常工作时间，通过西联汇款向以色列汇款需要 3~4 个小时。

邮局、银行周五下午和周六不营业，周日至周五上午营业。

注意事项

与犹太人共同用餐时应尊重其饮食习惯，事先应就共同食用的食品征得对方同意。犹太教徒不行贴面礼，一般行握手礼。许多犹太妇女不与丈夫以外的异性有身体接触，也不握手，男士如遇犹太妇女，应避免与其主动握手，更不能行贴面礼。

伊斯兰斋戒月期间，伊斯兰教徒（8 岁以下儿童除外）不允许在日出和日落之间吃饭、饮酒、吸烟，应避免在公共场所从事上述活动。

在伊斯兰和极端正统犹太教区，为人物拍照要格外小心，应征得当事人同意。任何时候不要为军人、警察及军用、警用设施拍照。

在去任何新地方之前，请确保您已了解当地的习俗和规则。例如，如果您穿暴露的衣服去极端正统的犹太社区，那这里的一些人会觉得很冒犯，一些伊斯兰地区或基督教圣地也是如此。

以色列属于干热的地中海气候，简单来说就是干燥炎热，一定要多喝水，尤其在马萨达地区。建议多带保湿面霜、补水面膜，以及使用高倍数防晒霜、遮阳帽等。